U0625520

园林景观设计与
森林资源经营管理研究

冯利华　龚　欣　周丽芳◎主编

山西出版传媒集团

三晋出版社

图书在版编目（CIP）数据

园林景观设计与森林资源经营管理研究 / 冯利华，龚欣，周丽芳主编. — 太原：三晋出版社，2022.10

ISBN 978-7-5457-2580-3

Ⅰ.①园… Ⅱ.①冯… ②龚… ③周… Ⅲ.①园林设计—景观设计—研究 ②森林经营—研究 Ⅳ.① TU986.2 ②S750

中国版本图书馆CIP数据核字（2022）第176340号

园林景观设计与森林资源经营管理研究

主　　编：冯利华　龚　欣　周丽芳
责任编辑：刘玫吟

出 版 者：山西出版传媒集团·三晋出版社
地　　址：太原市建设南路21号
电　　话：0351-4956036（总编室）
　　　　　0351-4922203（印制部）
网　　址：http://www.sjcbs.cn

经 销 者：新华书店
承 印 者：山西基因包装印刷科技股份有限公司

开　　本：720mm × 1020mm　　1/16
印　　张：8.5
字　　数：150千字
版　　次：2024年7月　第1版
印　　次：2024年7月　第1次印刷
书　　号：ISBN 978-7-5457-2580-3
定　　价：56.00元

如有印装质量问题，请与本社发行部联系　电话：0351-4922268

前　言

　　园林景观设计在我国应该说是一门古老而又年轻的学科。说它古老，是因为我们的造园史可以追溯到几千年前，有一批在世界上堪称绝佳的传统园林范例，说它年轻，是由于这门学科在实践中发展、演变和与现代社会的融合接轨，又是近几十年的事。

　　随着城市功能的逐步健全，公园、绿化广场、生态廊道、市郊风景区等愈加成为城市的现代标志，成为提升城市环境质量、改善生活品质和满足文化追求的必然选择，城市园林生态、景观、文化、休憩和减灾避险的功能定位逐步被业内认同，从传统园林到城市绿化，再到城郊一体化的大地景观，园林景观设计的观念在逐步深化和完善，领域也在拓宽。

　　森林可持续经营已成为各国森林资源管理的行动指南，许多国家都在积极探索森林可持续经营管理的模式和技术，包括修改森林法、完善各种作业规程和技术指标、制定森林可持续经营标准与指标、建立森林可持续经营试验示范区等。与传统的森林资源管理理念相比，需要解决的三大难题是：一是如何长期维持和发挥森林的综合效益，特别是生态防护功能、生物多样性保护、非木材林产品开发以及维护森林生态系统的健康和活力；二是如何有效促进公众参与森林资源管理。各国意识到，如果忽视林区居民和边际群体的权益，森林资源管理和开发不与反贫困相结合，森林可持续发展是不可能实现的；三是如何正确处理森林问题的国际化，包括森林资源管理与气候变化、国际木材贸易、荒漠化等的关系。此外，确定森林经营的时空尺度也是面临的一个重要挑战。许多国家认为应当以流域设计经营为目标和技术措施，而不是以传统的林班和小班为基本经营单位。

我国幅员辽阔，地形复杂多样，高纬差的南北疆域跨度以及西高东低的地势走向，孕育了植被类型多样的森林资源。近年来，随着生态文明建设的长足发展，我国的森林面积逐渐呈现双增长态势，但我国依然是一个缺绿少林的国家，森林资源总量相对不足、质量不高、分布不合理、森林生态系统脆弱的状况未得到根本改变。因此，加强对森林资源的管理与监督，建立科学有效的管理体系，成为我国林业工作者更高的追求目标。森林资源管理贯穿于森林的培育、保护、利用的全部过程和各个环节，是林业工作的重要组成部分。

目 录

第一章 园林景观设计概论

第一节 园林景观设计含义

景观一词原指"风景""景致",最早出现于公元前的《圣经·旧约》中,用以描述所罗门皇城耶路撒冷壮丽的景色。17世纪,随着欧洲自然风景绘画的繁荣,景观成为专门的绘画术语,专指陆地风景画。

在现代,景观的概念更加宽泛:地理学家把它看成一个科学名词,定义为一种地表景象;生态学家把它定义为生态系统;旅游学家把它作为一种资源;艺术家把它看成表现与再现的对象;建筑师把它看成建筑物的配景或背景;居住者和开发商则把它看成是城市的街景、园林中的绿化、小品和喷泉叠水等。因此,景观可定义为人类室外生活环境中一切视觉事物的总称,它可以是自然的,也可以是人为的。

英国规划师戈登·卡伦在《城市景观》一书中认为:景观是一门"相互关系的艺术"。也就是说,视觉事物之间构成的空间关系是一种景观艺术。比如,一座建筑是建筑,两座建筑则是景观,它们之间的相互关系则是一种和谐、秩序之美。

景观作为人类视觉审美对象的定义,一直延续到现在。从最早的"城市的景色风景"到"理想居住环境的蓝图",再到"注重居住者的生活体验"。现在,我们把景观作为生态系统来研究,研究人与自然之间的关系。因此,景观既是自然景观,也是文化景观和生态景观。

从设计的角度来看,景观则带有更多的人为因素,这有别于自然景观。景观设计是对特定环境进行的有意识的改造行为,从而创造具有一定社会文化内涵和审美价值的景物。

形式美及设计语言一直贯穿于整个园林景观设计的过程中。园林景观设计的对象涉及自然生态环境、人工建筑环境、人文社会环境等各个领域。园林景观设计是依据自然、生态、社会、行为等科学的原则从事规划与设计，按照一定的公众参与程序来创作，创作出融合于特定公众环境的艺术作品，并以此来提升、陶冶和丰富公众的审美。

园林景观设计是一个充分体现人们生活环境品质的设计过程，也是一门改善人们使用与体验户外空间的艺术。

园林景观设计范围广泛，以美化外部空间环境为目的的作品都属于其范畴，包括：滨水景观带、公园、广场、居住区、街道以及街头绿地等，几乎涵盖了所有的室外环境空间。

园林景观设计是一门综合性很强的学科，其内容不但涉及艺术、建筑、园林和城市规划，而且与地理学、生态学、美学、环境心理学等多种学科相关。它吸收了这些学科的研究方法和成果：设计概念以城市规划专业总揽全局的思维方法为主导，设计系统以艺术与景观专业的构成要素为主体，环境系统以园林专业所涵盖的内容为基础。

园林景观设计是一门集艺术、科学、工程技术于一体的应用学科。因此，它需要设计者具备相关学科的广博知识。

园林景观设计的形成和发展，是时代赋予的使命。城市的形成是人类改变自然景观、重新利用土地的结果。但在此过程中，人类不尊重自然，肆意破坏水文、大气和植被。特别是工业革命以后，建成大量的道路、住宅、工厂和商业中心，使得许多城市变为柏油、砖瓦、玻璃和钢筋水泥组成的大漠，离自然景观已相去甚远。因远离大自然而产生的心理压迫和精神桎梏、人满为患、城市热岛效应、空气污染、光污染、噪声污染、水环境污染等，这些都使人类的生存品质不断降低。

21世纪，人类在深刻反省中重新审视自身与自然的关系，重视"人居环境的可持续发展"。人类深切认识到园林景观设计的目的不仅仅是美化环境，更重要的是，从根本上改善人的居住环境、维护生态平衡和保持可持续发展。

现代园林景观设计不再是早期达官显贵造园置石的概念了，它要担负起维护和重构人类生存环境的使命,为所有居住于城、镇、村的居民设计适宜的生存空间,构筑理想的居所。

"现代景观设计之父"奥姆斯特德在哈佛大学的讲坛上说:"'景观技术'是一种'美术',其重要的功能是为人类的生活环境创造'美观',同时,还必须给城市居民以舒适、便利和健康。在终日忙碌的城市居民的生活中,缺乏自然提供的美丽景观和心情舒畅的声音,弥补这一缺陷是'景观技术'的使命。"

在我国,园林景观设计是一门年轻的学科,但它有着广阔的发展前景。随着全国各地城镇建设速度的加快、人们环境意识的加强和对生活品质要求的提高,这一学科也越来越受到重视,其对社会进步所产生的影响也越来越广泛。

第二节 园林的发展趋势与时代特征

一、现代园林发展趋势

1.建设生态园林。21世纪是人类与环境共生的世纪,城市园林绿化发展的核心问题即是生态问题。城市园林绿化的新趋势——以植物造景为主体,把园林绿化作为完善城市生态系统,促进良性循环,维护城市生态平衡的重要措施,建设生态园林的理论与实践正在兴起,这是世界园林的大势所趋。随着生态农业、生态林业、生态城市等概念的提出,生态园林已成为我国园林界共同关注的焦点。

2.综合运用各种新技术、新材料、新艺术手段,对园林进行科学规划、科学施工,将创造出丰富多样的新型园林。

3.园林绿化的生态效益与社会效益、经济效益的相互结合、相互作用将更为紧密,向更高程度发展。

4.园林绿化的科学研究与理论建设,将综合生态学、美学、建筑学、心理学、社会学、行为科学、电子学等多种学科而有新的突破与发展。

自20世纪90年代以来,在可持续发展理论的影响下,国际性大都市无不重视城市生态绿地建设,以促进城市与自然的和谐发展。由此形成了21世纪城市园林景观绿地的三大发展趋势:城市园林绿地系统要素趋于多元化;城市园林绿地结构趋向网络化;城市园林绿地系统功能趋于生态合理化。

二、时代特征

园林景观设计具有鲜明的时代特征,主要体现在以下几个方面:①从过去注重视觉美感的中西方古典园林景观,到当今生态学思想的引入,景观设计的思想和方法发生的变化,也很大程度影响了景观的形象。现代景观设计不再仅仅停留于"堆山置石""筑池理水",而是上升到提高人们生存环境质量,促进人居环境可持续发展的层面上;②在古代,园林景观设计多停留在花园设计的狭小范围。而今天,园林景观设计介入到更为广泛的环境设计领域,它的范围包括城镇规划、滨水、公园、广场、校园甚至花坛的设计等,几乎涵盖了所有的室外环境空间;③设计的服务对象也有了很大不同。古代园林景观是少数统治阶层和商人贵族等享用的,而今天的园林景观设计则是面向大众、面向普通百姓,充分体现了人性化关怀;④随着现代科技的发展与进步,越来越多的先进施工技术被应用到景观中,人类突破了沙、石、水、木等天然、传统施工材料的限制,开始大量地使用塑料制品、光导纤维、合成金属等新型材料来制作景观作品。例如,塑料制品现在已被普遍地应用于公共雕塑等方面,而各种聚合物则使轻质的、大跨度的室外遮蔽设计更加易于实现。施工材料和施工工艺的进步,大大增强了景观的艺术表现力,使现代景观更富生机与活力。

园林景观设计是一个时代的写照,是当代社会、经济、文化的综合反映,这使得园林景观设计带有明显的时代烙印。

第三节 园林景观设计的方向及出路

一、展现历史文脉,彰显城市特色

我国是一个拥有五千年历史的文明古国,无论是历史文化还是传统建筑,都有着无与伦比的优质资源。因此,当代的中国城市景观设计应该抓住这一特点,进行创造性设计,形成世界独一无二的城市景观。具体来说,就是要让中国城市景观设计展现历史文脉,彰显城市特色。只有这样才能获得较为出色的成就。在展现历史文脉的过程中,需要将有名的历史时期展现出来,让恢宏、大气、磅礴等词语成为主题,这样才能突出我国城市景观设计包含的丰富历史文化背景;另一方面,我们需要在城市景观设计当中,有效地展现出城市景观特色,这样不仅仅会让景观更好地发挥功能,同时对城市的发展而言,也有很大的促进作用。从客观的角度来说,城市的很多特色,无论是高科技还是高效率,都能够在城市景观中有所体现,因此在将来的工作中,我们需要让城市景观设计彰显独特的一面,避免统一的情况出现。高大、雄伟的建筑未必适合每一个城市,我们需要根据城市的经济发展情况、人文环境来进行景观设计,否则结果肯定不理想。

二、注重生态环境和可持续发展

不注重生态环境以及可持续发展是中国城市景观设计中存在的一个重要的问题。[①]因此,要想为其找到合理的出路,就必须要改变这一点。因为对于城市而言,要想给人们更加舒适的享受,更加便利的工作,以及更好的未来,就必须在景观设计方面,注重生态环境和可持续发展。就目前的情况而言,我国的生态环境比较脆弱,而且在很多的方面,都受到了严重的破坏;另一方面,由于植被的覆盖率大幅度降低,城市的空气质量严重下降,很多地区的污染指数大幅度升高。在这样的情况下,即使有出色的景观设计,也起不到太大的作用。在未来的发展中,设计人员需要注重生态环境和可持

①张凡. 城市景观设计与生态系统可持续发展的关系[J]. 现代园艺,2014(6):1.

续发展的原则,以绿化城市和改善空气质量为主,力求将城市的综合指数提升到一个新的层次。

三、立足现代观念,体现城市意境

当代中国的城市景观设计,可以充分利用中国古代原有资源,进而设计出独具特色的城市景观,同时还应该符合当代社会发展的特性。因为,建设后的城市毕竟是为当代人所使用的。因此,中国城市景观设计要想达到一个较高的水准,必须立足现代观念,体现城市的意境。现代的观念,如果通过景观设计来表达的话,就是保护环境,人与自然和谐相处,同时也要让社会和谐发展。通过细心观察,可以发现,很多城市的景观设计以一些花草树木为基调,组成一些动物,如大象、大熊猫一类,这类景观设计能够自然地生长,且经过人为的拼接,不会对其生命造成影响,只是还需要一些专门的工作人员对其进行定期修剪,保持形体。相对于水泥和钢筋做成的景观设计,现今的居民更加喜欢这样的绿色景观设计,它不仅净化了空气,还为城市增添了一道亮色。有些设计人员以独有的想法和思维设计出了一些高端的作品,但并不符合大众的要求,即使在国际上叱咤风云,在城市中却无用武之地。因此,在将来的工作中,必须立足现代观念,体现城市意境。总而言之,园林景观设计是当代城市寻求发展和转变的重要途径,各国都必须予以重视。中国在这方面也付出了努力,目前国内的很多地区也在不断探索城市景观设计的出路,并且获得了一定的成果,但是具体实施中还存在着一些问题。有关专业设计人员,必须要重视城市景观设计,科学、合理地进行设计,共同努力,从而为中国的园林景观建设开一条好的出路。

第二章 园林景观设计的构成要素

第一节 地形要素

地形或称地貌,是地表的起伏变化,也就是地表的外观。园林主要由丰富的植物、变化的地形、迷人的水景、精巧的建筑、流畅的道路等园林元素构成,地形在其中发挥着基础性的作用,其他所有的园林要素都是建立在地形之上,与地形共同协作,营造出宜人的环境。因此地形可以看成是园林的骨架。

不同地形形成的景观特征主要有四种:高大巍峨的山地、起伏和缓的丘陵、广阔平坦的平原、周高中低的盆地。

山地的景观特征突出,表现在以下几方面:①划分空间,形成不同景区;②形成景观制高点,控制全局,居高临下,美景可尽收眼底;③山,或雄伟高耸,或陡峭险峻,或沟谷幽深。或作背景,或作主景,都可借以丰富景观层次;④山的意境美。例如,我国的古典园林"一池三山"的格局,源自传说中的蓬莱三仙岛,是人们对仙境的向往。

地形在园林设计中的主要功能有如下几种。

一、分隔空间

可以通过地形的高差变化来对空间进行分隔。例如,在一块平地上进行设计时,为了增加空间的变化,设计师往往通过地形的高低处理,将一大个空间分隔成若干个小空间。

二、改善小气候

从风的角度而言,可以通过地形的处理来阻挡或引导风向。凸面地形、瘠地或土丘等,可用来阻挡冬季强大的寒风。在我国,冬季大部分地区为北风或西北风,为了防风,通常把西北面或北部处理成堆山,而为了引导夏季凉爽的东南风,可通过地形的处理在东南面形成谷状风道,或者在南部营造湖池,这样夏季就可利用水体降温。

从日照、稳定的角度来看,地形产生地表形态的丰富变化,形成了不同方位的坡地。不同角度的坡地所受日照时间的长短不同,其温度差异也很大。例如,对于北半球来说,南坡所受的日照要比北坡充分,其平均温度也较高;而在南半球,情况则正好相反。

三、组织排水

园林场地的排水最好是依靠地表排水,因此通过巧妙的坡度变化来组织排水的话,将会以最少的人力、财力达到最好的效果。较好的地形设计,是在暴雨季节,大量的雨水也不会在场地内产生淤积。从排水的角度来考虑,地形的最小坡度不应该小于5%。

四、引导视线

人们的视线总是沿着最小阻力的方向通往开敞空间。可以通过地形的处理对人的视野进行限定,从而使视线停留在某一特定焦点上。

五、增加绿化面积

显然对于同一块底面面积相同的基地来说,起伏的地形所形成的表面积比平地的会更大。因此在现代城市用地非常紧张的环境下,在进行城市园林景观建设时,加大地形的处理量会十分有效地增加绿地面积。并且由于地形变化所产生的不同坡度特征的场地,为不同习性的植物提供了生存的稳定性。

六、美学功能

在园林设计创作中,有些设计师通过对地形进行艺术处理,使地形自身成为一个景观。再如,一些山丘常常被用来作为空间构图的背景。颐和园内的佛香阁、排云殿等建筑群就是依托万寿山而建。它是借助自然山体的大型尺度和向上收分的外轮廓线给人一种雄伟、高大、坚实、向上和永恒的感觉。

七、游憩功能

例如,平坦的地形适合开展大型的户外活动;缓坡大草坪可供游人休憩,享受阳光的沐浴;幽深的峡谷为游人提供世外桃源的享受;高地又是观景的好场所。

另外,地形可以起到控制游览速度与游览路线的作用,它通过地形的变化,影响行人前进的方向、速度和节奏。

第二节　水体要素

一、水体的作用

水体是园林中给人以强烈感受的因素。"水,活物也。其形欲深静,欲柔滑,欲汪洋,欲回环,欲肥腻,欲喷薄……"它甚至能使不同的设计因素与之产生关系而形成一个整体,像白塔、佛香阁一样保证了总体上的统一感,江南园林常以水贯通几个院落,收到了很好的效果。只有了解水的重要性并能创造出各种不同性格的水体,才能为全园设计打下良好的基础。

我国古典园林当中,山水密不可分,叠山必须顾及理水,有了山还只是静止的景物,山得水而活,有了水能使景物生动起来,能打破空间的闭锁,还能产生倒影。

《画筌》中写道:"目中有山,始可作树,意中有水,方许作山。"在设计地形时,山水应该同时考虑,除了挖方、排水等工程上的原因以外,山和水相依,彼此更可以表露出各自的特点,这是园林艺术最直接的用意所在。

《韩诗外传》对水的特点也曾作过概括:"夫水者,缘理而行,不遗小间,似有智者;动而下之,似有礼者;蹈深不疑,似有勇者;障防而清,似知命者;历险致远,卒成不毁,似有德者。天地以成,群物以生,国家以宁,万事以平,品物以正,此智者所以乐于水也。"认为水的流向、流速均根据一定规则流淌,不拘泥于一小片天地,如同有智慧一样,甘居于低洼之所,仿佛通晓礼仪;面对高山深谷也毫不犹豫地前进,有勇敢的气概;时时保持清澈,能了解自己的命运所在;忍受艰辛不怕遥远,具备了高尚的品德;天地万物离开它就不能生存,它关系着国家的安宁,可衡量事物是否公平。由远古开始,人类和水的关系就非常密切。一方面饮水对于人比食物更为重要,这要求和水保持亲近的关系。另一方面水也可以使人遭受灭顶之灾,从上古的传说中我们会感受到祖先治水的艰难经历。在和水打交道的过程中,人们对水有了更多的了解。由《山海经》里可以看出古人已开始对我国西高东低的地形有了认识,大江大河"发源必东",仿佛体现了水之有志。这种比德于水的倾向使后世在其影响下极为重视水景的设计。水是园林中生命的保障,使园中充满旺盛的生机;水是净化环境的工具。园林中水的作用,还不只这些,在功能上能造成湿润的空气,调节气温,吸收灰尘,有利于游人的健康,还可用于灌溉和消防。

在炎热的夏季通过水分蒸发可使空气湿润凉爽,水面低平可引清风吹到岸上,故石涛的《画语录》中有:"夏地树常荫,水边风最凉"之说。水和其他要素配合,可以产生更为丰富的变化,"石令人古,水令人远"。园林中只要有水,就会焕发出勃勃生机。宋朝朱熹曾概括道:"仁者安于义理,而厚重不迁,有似于山,故乐山。知者安于事理,而周流无滞,有似于水,故乐水。"山和水具体形态千变万化,"厚重不迁"(静)和"周流无滞"(动)是各自最基本的特征。石涛说:"非山之任水,不足以见乎周流,非水之任山,不足以见乎环抱。"道出了山水相依才能令地形的变化动静相参,丰富完整。另外,水面还可以进行各种水上运动及养鱼种藕结合生产。

二、水体的形态

中西方园林都曾在水景设计中模仿自然界里水存在的形态,这些形态可大致分为两类。

带状水体:江、河等平地上的大型水体和溪涧等山间幽闭景观。前者多分布在大型风景区中;后者和地形结合紧密,在园林中出现得更为频繁。

块状水体:大者如湖海,烟波浩渺,水天相接。园林里将大湖常以"海"命名,如福海、北海等,以求得"纳千顷之汪洋"的艺术效果。小者如池沼,适于山居茅舍,带给人以安宁、静穆的气氛。

在城市里是不大可能将天然水系移入园林中的。这就需要对天然水体观察提炼,求得"神似"而非"形似",以人工水面(主要是湖面)创造近于自然水系的效果。

圆明园、避暑山庄等是分散用水的范例。私家大中型园林也常采用这类形式,有时虽水面集中,也尽可能"居偏",以形成山环水抱的格局,反之如过于突出则显呆滞,难以和周围景物产生联系,而在中小型园林中为了在建筑空间里突出山池,水体常以聚为主。

我们以颐和园后山的水体处理为例加以说明。

(一)颐和园后山的水体

相对而言,清漪园(今颐和园)后山的地形塑造要艰难得多。上千米长的万寿山北坡原来无水,地势平缓,草木稀疏。山南虽有较大水面却缺乏深远感,佛香阁建筑群宏伟壮丽却不够自然,万寿山过于孤立,变化也不够,有太露之嫌。基于以上考虑,乾隆时期对后山进行大规模整治,其核心是在靠近北墙一侧挖湖引水,挖出的土方堆在北墙以南,形成了一条类似于峡谷的游览线。这项工程不单解决了前面遇到的问题,还满足了后山排水的需要,为圆明园和附近农田输送了水源,景观上避免了北岸紧靠园外无景可赏的弊病,可说是一举数得。这类峡谷景观的再现即使在皇家园林中也是很少见的,其独特的意趣常使众多游人流连于此,理水则是这种意趣能够得以产生的关键。

后溪河北岸假山虽然是由人工堆叠而成,却自成体系,没有任意安排。它的变化和南山(万寿山北麓)相结合。严格地说,其走势是由南山地貌决定的;南山凸出的地方,北山也逼向江心,中间形成如同刚被冲开的缺口;南山凹进,北山也随着后退,造成中间如同被溪水浸刷而出现开阔的水面。

不算谐趣园,后溪河千米长的游览线被五座桥梁和一处峡口分成七段,每段约长 150 米。桥梁的遮挡,堤岸的曲折,使这个距离以外的景色受到遮拦。在每段的内部,两岸的景物则历历在目,甚至建筑细部亦可看清。由于水路视距多在百米左右,和万寿山南坡视距远达千米观感完全不同。视距短,人看和被看的机会都减少了,造成了林茂人稀的效果,后山的幽静感就是这样产生的。当人们由半壁桥开始游览时,就可以望见前面绮望轩和看云起时两组建筑峙立于峡口两岸,给了人们一个醒目的标志。穿过峡口便来到桃花沟景区,它是后溪河上第一个高潮:四周建筑密度仅次于买卖街,沟内密植桃林,在青松衬托下如同《桃花源记》中描写的人间仙境。除了植物和建筑,地形上也对水的变化做了必要的强调——在南北纵深方向上以沟壑增加深远感。在前段线路上山势平缓无变化,这里接近山脊,山高谷深,是后山最大的排水沟。由味闲斋之间开始逐渐变宽,在欲进入后溪河时突然变窄,形成了空间收—放—收的变化。水流变急,仿佛江河奔向大海。为了减缓水势,这一段湖面在后溪河各段中是最宽的,正好又和前面仅几米宽的峡口形成了收放对比。如果不这样做,则会使浑水冲入买卖街和半壁桥附近水面,对景观产生影响,同时不利于北岸的稳定。开阔的水面可以让泥沙逐渐沉淀,起到净化作用,故水口上立有四角小亭,取名"澄碧",象征水之清澈。过通云城关继续前行就到了买卖街,沿后山中轴线(大石桥)整齐地排列着半里长的铺面房。店铺前后分别是料石砌就的驳岸和挡土墙。与前两段建筑因山选址散点布置,湖岸土山抱水,因势出入的山林气氛相比较,令人感到热闹欢快,如同在江南水市中畅游,所效仿的是人工景观(和今天有些景点内的民族文化村略有相似)。这也是出于"因地制宜"的考虑:买卖街附近多石,掘石换土工程量太大。地势险窄,即使绿化恐怕也只能是今天行道树的效果,况且由北楼门入园,河对岸是大体量的表示民族团结的佛寺建筑形象——须弥灵境。作为一种过渡,买卖街起到了前奏曲的作用,做到了局部服从于整体的安排。河岸上高高的石壁看似缺乏绿意,实则将山上巨大的建筑群作了遮掩,称得上是"大巧若拙"。

买卖街的尽端是寅辉城关,旁边有一山谷是万寿山北坡东半部主要排水渠道之一。它不如桃花沟宽大幽深,却以数丈高的石壁形成绝涧,坐落于壁顶的寅辉城关更强化了地形的险峻,这种险峻感的形成也是靠人工切割掉原来的山脚,堆土于山上,使山更高、坡更陡。山涧直流而下也产生了和桃花沟相类似的问题——冲刷严重。要是和桃花沟作同样处理会使人感到雷同,为此设计者采用如下步骤:首先将山涧出口处作弯曲变化,使水流先向东转再经北折,冲力被卸掉一部分,不能直泻而下。其次在洞北面石岸层层向西收进,将水引入到一个中心有岛的港湾,令其绕岛而流,增加了水流距离,减慢了水的流速。过寅辉城关后,景色立时变得肃静幽雅,两段水面周围青山满目,建筑只是山林的点缀。澹宁堂、花承阁,虽有对称轴线,但仅是为了明确各段的节奏。花承阁多宝塔纤细秀美,对自然景物是一种补充而非控制。这里水面富于变化,即使在狭窄的北山,也设计了一段曲折的河道,河道里隐藏着一座船坞,是消夏寻幽的好去处。由此可见,后溪河东段以静取胜,为随即到来的谐趣园作了铺垫。整个游览线动静交呈,按动—静—动的次序演替出多变的旋律,是皇家园林线式理水成功的代表作。

(二)其他园林中水体的处理形式

苏州畅园、壶园和北海画舫斋等处水面方正平直,采用对称式布局。但常用对称式布局,有时又显得过于严谨。即使是皇家园林在大水面的周围也往往会布置曲折的水院。避暑山庄的文园狮子林,北海的静心斋、濠濮涧,圆明园的福海,颐和园的后湖以及很多景点都是如此。在干旱少雨的北方,水系设置尚且不忘以潆洄变化为能事,南方就更可想而知了。水的运动要有所依靠,画论中有"画水不画湿"之说,意即水面应靠堤、岛、桥、岸、树木及周围景物的倒影为其增色。南京瞻园以三个小池贯通南北:第一个位于大假山侧面,小而深邃有山林味道;第二个水面面积最大,略有亭廊点缀,开阔安静;第三个水面紧傍大体量的水棚,曲折变化增多,狭处设汀步供人穿行,较为巧媚。三者以溪水相连,和四周景物配合紧凑。为使池岸断面丰富,可见仅大池四周就有贴水石矶,水轩亭台,平缓草坡,陡崖重路,夹涧石谷等几种变化,和廊桥、汀步、小桥组合在一起避免了景色的单调。

三、理水

园林中人工所造的水景,多是就天然水面略加人工或依地势"就地凿水"而成。水景按照动静状态可分为,动水:河流、溪涧、瀑布、喷泉、壁泉等;静水:水池、湖沼等。

水景按照自然和规则程度可分为,自然式水景:河流、湖泊、池沼、泉源、溪涧、涌泉、瀑布等;规则式水景:规则式水池、喷泉、壁泉等。

现将园林中水景简介如下。

（一）河流

在园林中组织河流时,应结合地形,不宜过分弯曲,河岸应有缓有陡,河床有宽有窄,空间上应有开朗和闭锁。

造景设计时要注意河流两岸风景,尤其是当游人泛舟于河流之上时,要有意识地为其安排对景、夹景和借景,留出一些好的透视线。

（二）溪涧

自然界中,泉水通过山体断口而夹在两山间的流水为涧,山间浅流为溪。一般习惯上"溪""涧"通用,常以水流平缓者为溪,湍急者为涧。

溪涧之水景,以动水为佳,且宜湍急,上通水源,下达水体,在园林中,应选陡石之地布置溪涧,平面上要求蜿蜒曲折,竖向上要求有缓有陡,形成急流、潜流。如无锡寄畅园中的八音涧,以忽断忽续、忽隐忽现、忽急忽缓、忽聚忽散的手法处理流水,水形多变,水声悦耳,有其独到之处。

（三）湖池

湖池有天然人工两种,园林中湖池多就天然水域略加修饰或依地势就低凿水而成,沿岸因境成景,图画自成天然。

湖池常作为园林(或一个局部)的构图中心,在我国古典园林中常在较小的水池周围加盖建筑,如颐和园中的谐趣园,苏州的拙政园、留园,上海的豫园等。这种布置手法,最宜组织园内互为对景,产生面面入画,有"小中见大"之妙。

湖池水位有最低最高与常水位之分,植物一般均种于最高水位以上,耐湿树种可种在静水位以上,池周围种植物应留出透视线,使湖岸有开有合、有透有漏。

（四）瀑布

从河床纵剖断面陡坡或悬崖处倾泻而下的水为瀑,远看像挂着的白布,故谓之瀑布。国外有人认为陡坡上形成的滑落水流也可算作瀑布,它在阳光下有动人的光感,我们这里所指的是因水在空中下落而形成的瀑布。

水景中最活跃的要数瀑布,它可独立成景,形成丰富多彩的效果,在园林里很常见。瀑布可分为线瀑、挂瀑、飞瀑、叠瀑等形式。瀑布口的形状决定了瀑布的形态。如线瀑水口窄,帘瀑水口宽。水口平直,瀑布透明平滑;水口不整齐会使水帘变皱;水口极不规则时,水帘将出现不透明的水花。人造瀑布可以让光线照在瀑布背面,流光溢彩,引人入胜。天气干燥炎热的地方,流水应在阴影下设置;阴天较多的地区则应在阳光下设置,以便于人接近甚至进入水流。叠瀑是指水流不是直接落入池中而是经过几个短的间断叠落后形成的瀑布,它比较自然,充满变化,最适于与假山结合模仿真实的瀑布。设计时要注意承水面不宜过多,应上密下疏,使水最后能保持足够的跌落力量。叠落过程中水流一般可分为几股,也可以几股合为一股。如避暑山庄中的沧浪屿就是这样处理的。水池中可设石承受冲刷,使水花和声音显露出来。

大的风景区中,常有天然瀑布可以利用,但一般的园林,就很少有了。所以,如果经济条件许可又非常需要,可结合叠山创造人工小瀑布。人工瀑布只有在具有高水位时或人工给水时才能运用。

瀑布由五部分构成:上流(水源)、落水口、瀑身、瀑潭、下流。

瀑布下落的方式有直落、阶段落、线落、溅落和左右落等之分。

瀑布附近的绿化,不可阻挡瀑身,因此瀑布两侧不宜配置树形高耸和垂直的树木。在瀑身3—4倍距离内,应做空旷处理,以便游人能在适当距离内欣赏瀑景。对游人有强烈吸引力的瀑布,应在适当地点专设观瀑亭。

(五)喷泉

地下水向地面上涌谓泉,泉水集中、流速大者可成涌泉、喷泉。

园林中,喷泉往往与水池相伴随,它布置在建筑物前、广场的中心或闭锁空间内部,作为一个局部的构图中心,尤其在缺水的园林风景焦点上运用喷泉,则能得到较好的艺术效果。喷泉有以水柱为中心的,也有以雕像为中心的,前者适用于广场以及游人较多的场所,后者则多用于宁静地区。喷泉的水池形状大小可以多种多样,但要与周围环境相协调。

喷泉的水源有天然的也有人工的,天然水源即是在高处设储水池,利用天然水压使水流喷出,人工水源则是利用水泵推水。处理好喷泉的喷头是形成不同情趣喷泉水景的关键之一。喷泉出水的方式可分长流式或间歇式。近年来随着光、电、声波和自控装置的发展,在国外有随着音乐节奏起舞的喷泉柱群和间歇喷泉。我国于1982年在北京石景山区古城公园也成功安装了自行设计的自控花型喷泉群。

喷泉水池的植物种植,应符合功能及观赏要求,可选择茨菇、水生鸢尾、睡莲、水葱、干屈菜、荷花等。水池深度,随种植类型而异,一般不宜超过60厘米,亦可用盆栽水生植物直接沉入水底。

喷泉在城市中也得到广泛应用,它的动感适于在静水中形成对比,在缺乏流水的地方和室内空间可以发挥很大的作用。

(六)壁泉

壁泉构造分壁面、落水口、受水池三部分。壁面附近墙面凹进一些,用石料做成装饰,有浮雕及雕塑。落水口可用兽形、人物雕像或山石来装饰,如我国旧园及寺庙中,就有将壁泉落水口做成龙头式样的。其落水形式需依水量之多少决定,水多时,可设置水幕,使成片落水,水少时成柱状落,水更少成淋落、点滴落下。目前壁泉已被运用到建筑的室内空间中,增加了室内动景,颇富生气,如广州白云山庄的"三叠泉"就是这种类型。

四、水体中的地形和建筑

堤、岛等水路边际要素在水景设计中占有特殊的地位。心理学上认为不同质的两部分,在边界上信息量最大。岛:四面环水的水中陆地称岛。岛可以划分水面空间打破水面的单调,对视线起抑障作用,避免湖岸秀丽风景一览无余;从岸上望湖,岛可作为环湖视点的焦点,登岛可以环顾四周湖中的开阔景色和湖岸上的全景。此外岛还可以增加水上活动内容,吸引游人前往,活跃湖面气氛,丰富水面动景。

岛可分为山岛、平岛和池岛。山岛突出水面,有垂直的线条,配以适当建筑,常成为全园的主景或眺望点,如北京北海之琼岛。平岛给人舒适方便,平易近人的感觉,形状很多,边缘大部平缓。池岛的代表作之一——三潭印月,被誉为"湖中有岛,岛中有湖"的胜景。此种手法在面积上壮大了声势,在景色上丰富了变化,具有独特的效果。

岛也可分隔水面,它在水中的位置忌居中、忌排比、忌形状端正,无论水景面积大小和岛的类型如何,大都居于水面偏侧。岛的数量以少而精为佳,只要比例恰当,一两个已足,但要与岸上景物相呼应。岛的形体宁小勿大,小巧之岛便于安置。

杭州的九溪就是靠道路被溪流反复穿行,形成多重边界方使人领略到"叮叮咚咚泉,曲曲折折路"的意境。三潭印月也是水中有岛,岛中有湖,湖上又有堤桥的多层次界面综合体。园林中的桥也是这样一种边界要素。它的形式极为灵活,长者可达百余米,短者仅一步即可越过,高者可通巨舟,低者紧贴水面。采用何种形式要做到"因境而成",大湖长堤上的桥要有和宏伟的景观相配合的尺度。十七孔桥、断桥都是这一类中成功的作品。桥之高低与空间感受也有关系。

"登泰山而小天下"这句话说明了视点越高越适于远眺,大空间内的高大桥梁不仅可以成景,也是得景的有力保障,大水面可以行船,桥如无一定高度就会起阻碍作用。小园中不可行船,水景以近赏为主,不求"站得高,看得远",而须低伏水面,才可使所处空间有扩大的感觉。这样荷花,金鱼均可细赏,如同漫步于清波之上。桥之低平和水边假山的高耸还可形成对比,江南园林中大都如此,如环秀山庄和瞻园大假山旁的曲桥。当两岸距离过长或周围景物较好可供观赏时常用曲桥满足需要。桥不应将水面等分,最好在水面转折处架设,可以帮助产生深远感。水浅时可设汀步,它比桥更自然随意,它的排列应有变化,数目不应过多,否则难以避免给人以过于整齐的印象。如果水面较宽,应使驳岸探出,相互呼应,形成视角,缩短汀步占据水面的长度。桥的立面和倒影有关,如半圆形拱桥和倒影结合会形成圆框,在地势平坦、周围景物平淡时可用拱桥丰富轮廓。

小环境中的堤、桥已不再概念化,弯曲宽窄不等往往更显得活泼、流畅。堤既可将大水面分成不同风格的景区,又是便捷的通道,故宜直不宜曲。长堤为便于两侧水体沟通、行船,中间往往设桥,这也丰富了景观,弥补因堤过于窄长、容易使人感到单调的不足。堤宜平、宜近水,不应过分追求自身变化。石岛应以陡险取胜,建筑常布置在最高点的东南位置上,建筑和岛的体积宁小勿大。土岛应缓,周围可密植水生植物保持野趣,令景色亲切宜人。

坡岸线宜圆润,不似石岛鳞羽参差。庭院中的水池内如设小岛会增添生气,还可筑巢以引水鸟。岛不必多,要各具特色。

杭州西湖三岛中湖心亭虽小却有醒目的主体建筑,人们远远就能看见熠熠发光的琉璃瓦。小瀛洲绿树丛中白墙灰瓦红柱,以空间变换取胜。阮公墩在1982年开发时将竹屋茅舍隐于密林之中,形成内向的"小洲、林中、人家"的主题。

有时人在水边反而觉得热,这是因为人同时吸收阳光直射和水面反射阳光带来的热量,除了改进护栏外,在不影响倒影效果的情况下,可在亭边种植荷花、睡莲等植物。近水岸边种植分枝点较低的乔木,设置座椅吸引纳凉的人们以坐卧为主。

五、湖岸和池体的设计

湖岸的种类很多,可由土、草、石、沙、砖、混凝土等材料构成。草坡因有根系保护,比土坡容易保持稳定。山石岸宜低不宜高,小水面里宜曲不宜直,常在上部悬挑以水波产生幽远的感觉,在石岸较长、人工味浓烈的地方,可以种植灌木和藤木以减少暴露在外的面积。自然斜坡和阶梯式驳岸对水位变化有较强的适应性。两岸间的宽窄可以决定水流的速度,如果创造急流就能开展划艇等体育活动。

池底的设计常常被人忽略,而它与水接触的面积很大,对水的形态有着重要影响。当用细腻光滑的材料做底面时,水流会很平静,如换用卵石等粗糙的材料,就会引起水流的碰撞产生波浪和水声。水底不平时会使水随地形起伏运动形成湍濑。池底深时,水色暗淡,景物的反射效果好。人们为了加强反射效果,常将池壁和池底漆成蓝色或黑色。如果追求清澈见底的效果,则水池应浅。水池深浅还应由水生植物的不同生长需求决定。

第三节 植被要素

植物是一种特殊的造景要素,最大的特点是具有生命,能生长。它种类极多,全世界植物超过30万种,它们遍布世界各个地区,与地质地貌等共同构成了地球千差万别的外表。它有很多种类型,常绿、落叶、针叶、阔叶、乔木、灌木、草本。植物大小、形状、质感、花及叶的季节性变化各具特征。因此,植物能够造就丰富多彩、富于变化、迷人的景观。

植物还有很多其他的功能作用,如涵养水源、保持水土、吸尘滞埃、构造生态群落、建造空间、限制视线等。

尽管植物有如此多的优点,但许多外行和平庸的设计人员却仅仅将其视为一种装饰物,结果植物在园林设计中,往往被当作完善工程的最后因素。这是一种无知、狭隘的思想表现。

一个优秀的设计师应该要熟练掌握植物的生态习性、观赏特性以及它的各种功能,只有这样才能充分发挥它的价值。

植物景观牵涉的内容太多,需要系统学习。鉴于本书是作为初学者的参考用书,本节主要从植物的大小、形状、色彩三个方面介绍植物的观赏特性,以及针对其特性的利用和设计原则。因为一个设计出来的景观,植物的观赏特征是非常重要的。任何一个赏景者对于植物的第一印象便是对其外貌的反应。如果该设计形式不美观,那它将极不受欢迎。

一、植物的大小

由于植物的大小对空间布局的形成起着重要的作用,因此,植物的大小是在设计之初就要考虑的。

植物按大小可分为大中型乔木、小乔木、灌木、地被植物四类。

不同大小的植物在植物空间营造中也起着不同的作用。如乔木多是作上层覆盖,灌木多是用作立面"墙",而地被植物则是多作底。

1.大中型乔木。大中型乔木高度一般在6米以上,因其体量大,而成为空间中的显著要素,能构成环境空间的基本结构和骨架,常见的大中型植物有香樟、榕树、银杏、鹅掌楸、枫香、合欢、悬铃木等。

2.小乔木。高度通常为4—6米。因其很多分枝是在人的视平线上,如果人的视线透过树干和树叶看景的话,能形成一种若隐若现的效果。常见的该类植物有樱花、玉兰、龙爪槐等。

3.灌木。灌木依照高度可分为高灌木、中灌木、低灌木。高灌木最大高度可达3—4米。由于高灌木通常分枝点低、枝叶繁密,它能够创造较围合的空间,如珊瑚树经常修剪成绿篱做空间围合之用。

中灌木通常高度在1—2米,这些植物的分枝点通常贴地而起,也能起到较好的限制或分隔空间的作用,另外,视觉上起到较好的衔接上层乔木和下层矮灌木、地被植物的作用。

矮灌木是高度较小的植物,一般不超过1米。但是其高度必须在30厘米以上,低于这一高度的植物,一般都按地被植物对待。矮灌木的功能基本与中灌木相同。常见的矮灌木有栀子、月季、小叶女贞等。

4.地被植物是指低矮、爬蔓的植物,其高度一般不超过40厘米。它能起到暗示空间边界的作用。在园林设计中,主要用它来做底层的覆盖。此外,还可以利用一些彩叶的、开花的地被植物来烘托主景。常见的地被植物有麦冬、紫鸭趾草、白车轴草等。

二、植物的形状

植物的形状简称树形,是指植物整体的外在形象。常见的树形有:笔形、球形、尖塔形、水平展开形、垂枝形等。

1.笔形。大多主干明显且直立向上,形态显得高而窄。其常见植物有杨树、圆柏、紫杉等。

由于其形态具有向上的指向性,可引导视线向上,在垂直面上有主导作用。当与较低矮的圆球形或展开形植物一起搭配时,对比会非常强烈,因而使用时要谨慎。

2.球形。该类植物具有明显的圆球形或近圆球形形状。如榕树、桂花、紫荆、泡桐等。

圆球形植物在引导视线方面无倾向性。因此在整个构图中,圆球形植物不会破坏设计的统一性。这也使该类植物在植物群中起到了调和作用,将其他类型统一起来。

3.尖塔形。底部明显大,整个树形从底部开始逐渐向上收缩,最后在顶部形成尖头。如雪松、云杉、龙柏等。

尖塔形植物的尖头非常引人注意,加上总体轮廓非常分明和特殊,常在植物造景中作为视觉景观的重点,特别是与较矮的圆球形植物对比搭配时常常可取得意想不到的效果。欧洲常见该类型植物与尖塔形的建筑物或尖耸的山巅相呼应,大片的黑色森林在同样尖尖的雪山下,气势壮阔、令人陶醉。

4.水平展开形。水平展开形植物的枝条具有明显的水平方向生长的习性,因此,具有一种水平方向上的稳定感、宽阔感和外延感。如二乔玉兰、铺地柏都属该类型。

由于它可以引导视线在水平方向上流动,因此该类植物常用于在水平方向上联系其他植物,或者通过植物的列植也能获得这种效果。水平展开形植物与笔形及尖塔形植物的垂直方向能形成强烈的对比效果。

5.垂枝形。垂枝形植物的枝条具有明显的悬垂或下弯的习性。这类植物有垂柳、龙爪槐等;这类植物能将人的视线引向地面,与引导视线向上的圆锥形正好相反。这类植物种在水岸边效果极佳,当柔软的枝条被风吹拂,配合水面起伏的涟漪,非常具有美感,让人思绪纷飞。或者种在地面较高处,这样能充分体现其下垂的枝条。

6.其他形。植物还有很多其他特殊的形状,例如钟形、馒头形、芭蕉形、龙枝形等,它们也各有自己的应用特点。

三、植物的色彩

色彩对人的视觉冲击力是很大的,人们往往在很远的地方就被植物的色彩所吸引。每个人对色彩的偏爱以及对色彩的反应有所差异,但大多数人对于颜色的心理反应是相同的。比如,明亮的色彩让人感到欢快,柔和的色调则有助于使人平静和放松,而深暗的色彩则让人感到沉闷。植物的色彩主要通过树叶、花、果实、枝条以及树皮等来表现。

树叶在植物的所有器官中所占面积最大,因此也很大程度上影响着植物的整体色彩。树叶的主要色彩是绿色,但绿色中也存在色差和变化,如嫩绿、浅绿、黄绿、蓝绿、墨绿、浓绿、暗绿等,不同的绿色植物搭配可形成微妙的色差。深浓的绿色因有收缩感、拉近感,常用作背景或底层,而浅淡的绿色有扩张感、飘离感,常布置在前面或上层。各种不同色调的绿色重复出现既有微妙的变化也能很好地达到统一。

植物除了绿叶类外，还有秋色叶类、双色叶类、斑色叶类等。这使植物景观更加丰富与绚丽。

不同颜色的果实、枝条、树皮应用在园林景观设计中常常会收到意想不到的效果。如满枝红果或者白色的树皮常给人意外的惊喜。

但在具体植物造景的色彩搭配中，花朵、果实的色彩和秋色叶虽然颜色绚烂丰富，但因其寿命不长，因此在植物配置时要以植物在一年中占据大部分时间的夏、冬季为主来考虑色彩，如果只依据花色、果色或秋色是极不明智的。

在植物园林景观设计中基本上要用到两种色彩类型。一种是背景色或者基本色，是整个植物景观的底色，起柔化剂作用，以调和景色，它在景色中应该是一致的、均匀的。第二种是重点色，用于突出景观场地的某种特质。

同时植物色彩本身所具有的表情也是我们必须考虑的。如不同色彩的植物具有不同的轻重感、冷暖感、兴奋与沉静感、远近感、明暗感、疲劳感、面积感等，这都可以在心理上影响观赏者对色彩的感受。

植物的冷暖还能影响人对于空间的感觉，暖色调如红色、黄色、橙色等有趋近感，而冷色调如蓝色、绿色则会有退后感。

植物的色彩在空间中能发挥众多功能，足以影响设计的统一性、多样性及空间的情调和感受。植物的色彩与其他特性一样，要与整个空间场地中其他造景要素综合考虑，相互配合运用，以达到设计的目的。

第三章 城市滨水的景观设计

第一节 城市滨水景观设计概述

一、滨水景观的概念

城市滨水区的概念可以笼统地解释为城市中陆域与水域相连接的区域，包括一定的水域空间和与水体相邻的城市陆地空间，是自然生态系统和人工建设系统相互交融的城市公共开放空间。城市滨水区是构成城市公共开放空间的重要部分，具有城市中最宝贵的自然风景和人工景观，对城市景观环境有着举足轻重的影响。

二、城市滨水景观的特点

城市滨水景观不是河流与城市景观的简单叠加，它有着十分丰富的内涵。伴随着城市的沿河发展过程，城市河流区域包容了河流自然景观特征和城市物质空间特征，两者之间的边界越来越模糊。滨水是连接城市建成区与郊野的重要生态廊道，是城市生态系统和城市气候的调节器，是城市绿地系统中最具连续性的开放空间，是城市户外活动最活跃的场所，是城市文化活动的载体，也是最能够彰显城市景观特色和城市活力的景观元素。城市滨水区临水傍城，有着良好的区位优势，对于大多数以水系为依托而发展起来的具有悠久历史的城市来说，其滨水区多数是当地传统建筑文化积淀较为集中的区域，是展现当地特色文化的窗口。世界上众多城市都是因其极富特色的河流景观而得名。巴黎的塞纳河蜿蜒十几公里，沿河架设了36座各具特色的桥梁，河流沿岸分布着数不胜数的名胜古迹，成为当今世界各国民众向往的旅游胜地。

城市是人类社会发展的产物,它集中了社会大多数生产活动,而河流作为人类文明的发祥地,也成为城市赖以生存的血脉。可以说,城市与河流维系着一种共生关系,人类在不断地对河流进行治理、改造、利用的同时也促进了自身文明和城市的发展。

三、滨水景观的类型

水与人们的生活休戚相关,按照不同的分类方法,滨水景观会呈现出不同的类型。一方面,许多城市会选择在滨水之地进行建设和发展,自然江河湖海的形态以及规模常常影响到城市与水体之间的关系;另一方面,不同功能的景观也对滨水空间的布局有着较大的影响。

(一)按水体与城市的关系

依据目前我国城市中水体类型与城市的关系,滨水景观大体可以分为以下四类。

1.临海城市中的滨海景观。在一些临海城市中,海岸线常常延伸到城市的中心地带,由于海岸线的沙滩、礁石和海浪都具有相当的景观价值,所以滨海地带往往被辟为带状的城市公园。此类绿地宽度较大,除了一般的景观绿化、游憩散步道路之外,里面有时还设置一些与水有关的游乐设施,如海滨浴场、游船码头、划艇俱乐部等。

2.临江城市中的滨江景观。大江大河的沿岸通常是城市发展的理想之地,江河的交通运输便利常使人们在沿河地段建设港口、码头以及有运输需求的工厂企业。随着城市发展,为提高城市的环境质量,有许多城市开始逐步将已有的工业设施迁往远郊,把紧邻市中心的沿江地段辟为休闲游憩的绿地。因江河的景观变化不大,所以此类景观往往更应关注与相邻街道、建筑的协调。

3.贯穿城市的滨河景观。东南沿海地区河湖纵横,城市内常有河流贯穿而过,形成市河,比如南京秦淮河、泰州凤城河等。随着城市的发展,有些城市为拓宽道路而将临河建筑拆除,河边用林荫绿带予以点缀。一些原处于郊外的河流被圈进了城市,河边也需用绿化进行装点。此类河道宽度有限,其景观尺度需要精确把握。

4.临湖城市中的滨湖景观。我国有许多城市临湖而建,比如浙江的杭州。此类城市位于湖泊的一侧,或者将整个湖泊融入城市之中,因而城区拥有较长的湖岸线。虽然滨湖景观有时也可以达到与滨海景观相当的规模,但由于湖泊的景致更为细致优美,因此滨湖地区的景观规划设计也应与滨海地区的景观规划设计有所区别。

(二)按景观功能分

依据滨水景观的不同功能,大体可以分为以下四种。

1.滨水生态保护型。滨水生态保护型景观是指从某滨水区域生态平衡和自然景观保护的角度,对该区域实施保护型规划设计的景观。通过对该滨水地带自然资源的生态化设计,一方面可以维护滨水区景观的生态平衡和自然景观多样性;另一方面可以体现滨水生态景观的审美价值,为人们提供观赏自然滨水景观的游憩机会。这种类型的设计在风景区以及水库生态区、原生湿地区、典型河岸地貌和沼泽区等生态脆弱地带较为常见。

滨水生态保护型景观功能相对单一,主要以观赏自然风光和滨水生态景观为主,景观规划设计通常采用生态型的规划设计手法,应综合考虑生态防洪等功能,注重乡土生物与生境的多样性维护,增加滨水生态景观的异质性和景观个性,促进自然生态循环和景观可持续发展。此外,该类型的规划设计应尽量保持原有的自然形态和生物群落,材料选择注重与自然相融合,以利于改善水域生态环境。

2.历史文化复兴型。滨水历史文化复兴型景观是指在考虑滨水区历史遗存和旧建筑空间布局的基础上,重新审视历史建筑和景观保护改造的内在经济潜力,积极运用现代设计理念、设施和工艺,进行基础设施的改造和景观建设,保留和进一步延续滨水地区历史文化特色和风土人情,并以此提升滨水区景观形象与活力,满足现代游憩的空间功能,促进区域的文化复兴。

历史文化复兴的滨水景观通常采取改造式保护或局部更新的设计手法,景观的规划设计应体现地方文化与精神。设计中首先要对该滨水地段的历史文化进行解读,包括现有的建筑遗存、场地的历史内涵和生活记忆等方面。再对现有不利的景观与环境因素进行改造,注重科学定位服务功能和滨水景观主题,突出滨水区标志性历史建筑节点风貌。最后对场所中的历史文化要素用科学的手段进行保护,并用艺术的形式予以再现,使滨水区场所空间记忆焕发生机。

3.亲水空间开发型。亲水空间开发型景观是指在与城市紧密联系的滨水区,将亲水空间作为城市空间和水域空间的连接体,通过滨水要素和亲水设施的规划设计,加强市民与水体的互动,构建人与水的亲和关系,营造滨水特色景观并提供多样化的服务与活动,增强其活力和吸引力。

亲水空间开发型景观规划设计的目标是为市民和游客提供极具亲和力的活动场所,进一步促进公众的交往和社会融洽度,充分发挥滨水区在环境、社会和经济方面的综合效益。

4.滨水综合利用型。滨水综合利用型景观指从城市和区域的角度综合考虑滨水空间的构成形态和功能,提倡混合功能和景观多样化空间,综合兼顾滨水生态环境保护、历史文化延续、亲水空间开发和水体防洪防灾等方面的要求,最大程度地发挥滨水景观空间的生态、经济和社会价值。

随着环境优化越来越被重视以及滨水稀缺资源越来越公众化,现代滨水空间的综合利用程度越来越高,综合型的滨水空间景观规划设计将会成为设计的主流,以便为居民和游客提供多方位、多功能的滨水公共活动空间。

第二节 城市滨水景观设计的分类

一、按其形状、尺度分类

城市滨水区景观的空间类型根据水体的走向、形状、尺度的不同,一般可分为线状空间、带状空间和面状空间三种类型。这一划分方式也不是一定的,可能有些滨水空间在某些时候被归为线状空间,而在有些时候又被归为带状空间,因此要根据划分的标准或者相互间的比较而定。

(一)线状空间

线状空间的特点是狭长、封闭,有明显的内聚性、方向性。线状空间多构建于窄小的河道上,由建筑群和绿化带形成连续的、较封闭的侧界面,建筑形式统一并富有特色。世界上著名的线状水景空间当属意大利的水城威尼斯,城市运河纵横,两岸商店、旅店、住宅相连,景观优美。我国南方的一些城市由于河道纵横,此类线状空间较多。

(二)带状空间

带状空间的特点是水面较宽阔,两岸建筑、绿化带等构成的侧界面的空间限定作用较弱,空间开敞。堤岸兼有防洪、道路和景观的多重功能。岸线是城市景观的风景线和步行道。如上海的外滩黄浦江滨水景观带、沈阳五里河公园的浑河景观带,都是较大河流经过城市,沿河流轴向形成的带状空间,在沿岸的绿化带、建筑群、桥梁和步道的限定下,形成明确的滨水带状景观空间。

(三)面状空间

面状空间的特点是水面宽阔、尺度较大、形状不规则、侧界面对空间的限定作用微弱,空间十分开敞。面状空间中水面的背景作用十分突出。海滨、湖滨的空间常常表现为面状空间,如大连旅顺与其延伸出的半岛隔海相望,使城市空间向海面扩散、延伸,给人以开敞辽阔的感觉。又如杭州西湖,三面湖山一面城,其深厚的人文历史以及优美的自然景观已成为杭州城的名片。

二、按其形态和主题造景分类

(一)静水为主的水景造型

静水是指以稳定状态成片状汇集的水面,在城市中以湖、海、池等形式出现。静水是"平静"的,在风的吹拂下,静水会产生微动的波纹或层层浪花,表现出水的动感。

1.静水景观的形式类别。分为以下两种:一种是自然水景,以自然和模仿自然静水的形态为景观主体,水域面积宽大。应根据整体环境的风景条件、景观视线、地形关系等因素设置景观,并区分景观区域的主次关系,准确突出水景在区域中的视觉作用,不要喧宾夺主,在水景形态的丰富变化中体现生动、和谐的自然意趣;另一种是规则式水景,是以几何形态为主要形式特征的人工水景,便于在城市环境中灵活应用,处理好水景规模的大小,形态的方圆、宽窄、曲直。巧妙地运用规则形与不规则形景观之间的对比关系,结合周边的植物、建筑、街道和其他景观因素构成静水景观。

2.静水景观的营建形式。分为以下几种：一是下沉式，指局部地面下沉，形成蓄水空间，并限定水域范围，水面低于地面，视线做俯视观看，可视水面较为完整，影印关系清晰，因而成为城市水景最为常用的一种形式；二是地台式，水景的蓄水空间高于地面，分高台式、低台式和多台式三种。地台式水景常常与喷泉水景结合运用，形成动与静、虚与实相互作用的景观主体；三是镶入式，将水的景观作用由室外环境引入建筑内部，或者穿过建筑空间成为室内外环境相互沟通的纽带，使水体灵活地发挥带系作用；四是溢满式，是下沉式和地台式水景的延伸形式，水池的水面与边缘或地面齐平，无高差变化，增加人的近水、玩水、亲水的感觉；五是多功能式，是一种传统的造景形式。在农耕时代，水池是集观景、消防、饲养等功能于一体的生活设施，而在今天的城市环境中静水景观也常常沿用这种形式，只是功能要求有所改变，将水池的观赏功能与游泳池、冬季溜冰场、养殖水生植物等功能相结合，增强其景观作用和生活作用。

（二）以流水为主的水景造型

1.流水景观形态。流水景观形态一般呈弧形带状，曲折流动，水面有宽窄变化，通过设置不同的坡度并恰当地利用水中置石、水边植物等创造不同的景观来表现水流的跃动感，创造欢快、活泼的水流景象。

2.流水景观设计要素。流水因地形高差而形成，形态因水道、岸线的制约而呈现。在流水景观设计中分自然流水与人工流水。

自然流水景观是在自然水域环境中，依据设计总体思路，找出其中干扰视觉物象的因素进行优化设计，对水岸线、护坡、河道、桥梁、建筑、观景平台、道路、植被等环境因素进行适度整治和建设，虽受其已有河道、沟渠、深浅、高差等方面的限制，但自然的景色与无修饰的流水动态，足以使其具有最佳的风景表现力。

人工流水则是在无自然河流的城市环境中进行水景设置，需根据设置场所的地形、地貌、空间大小和周围的环境情况，考虑水景设计的规模、流量、缓急、河道形态、植物配景以及其他景观设施的相互对应等内容。人工流水景观设计在形式上应更好体现水在环境中的作用，体现巧妙的创意和人工的精致。

（三）以跌水为主的水景造型

利用天然地形的断岩峭壁、台地陡坡或人工构筑假山形成陡崖梯级，造成水流层次跌落、水幕飘垂的效果，与雕塑配合，艺术效果会更加强烈。

（四）以喷泉为主的水景造型

喷泉的造型自由度大、形态优美，是水在受外力作用下形成的喷射现象。喷泉是城市环境中常见的水体景观形式，由于其多变的造型，可调节的喷射方式，因而备受观赏者和设计师的青睐。喷泉的形式种类多样，以喷水形状分类，包括线状、柱状、扇状、球状、雾状、环状和可变动状等；以规模分类，包括单射、阵列、多层、多头等；以可控性分类，包括时控、声控和光控等；以喷射方向分类，包括垂直喷射、斜喷、散喷等。

三、按其应用类型分类

（一）城市装饰水景

城市装饰水景强调的是城市公共空间中水对其他景观元素，尤其对建筑、广场等硬质环境起着统一、补充、强调和美化的作用。其是在满足水景一般设计原则的基础上，更加注重与周围环境的关系，是作为城市整体空间一部分而存在的。

城市装饰水景具体应用形式如下：水池、落水、造景喷泉、水渠或水道。

（二）城市休闲水景

城市休闲水景强调的是人与水的互动性，重点是人的行为和水的亲近关系，激发人们对水全方位的感受。水景不仅可以给人以视觉、听觉上的享受，更可以通过触觉来使人了解水的特性，突出水体的趣味性，从而释放人内心的情感，营建出欢乐、轻松的城市水体环境氛围。

其具体的应用形式如下：①儿童戏水池、涉水池；②游戏喷泉，多与旱式喷泉、戏水广场等相结合；③各类游泳池、冲浪池等；④海洋公园、水族馆等；⑤城市湖体。

（三）城市庭园水景

城市庭园水景是与人的居住环境最为密切的一种水景形式，既有装饰作用,又有一定的休闲性质。在私人住宅的庭园中具有一定的私密性和独享性,在设计形式上灵活多变,风格多样,情趣各异,多体现在现代城市住宅小区中,具有强烈的个性,讲究细部的搭配与情趣。

其具体形式如下:①倒影池、家庭泳池、种植池、养鱼池等;②小型瀑布、跌水等;③小型流水景观。一般与喷泉、水池等组合成一个完整的水循环系统。

(四)城市天然水系

在很多城市中,都有各种天然的湖泊、河流或者人工修建的运河、港口等水系,有的是滨海或滨河。这些城市水系一般都较大,具有交通运输、城市排蓄水的实际用途,在城市景观中多作为基底或对其他景观起衬托作用。在这类水体中,人工的作用多体现在对水岸的改造、修建构筑物,及以现代化的人造景观来美化水陆分界线。发挥这类水体的景观及生态效应,将会起到人工水景无法替代的作用。

一般按水系的特性可以将其分为:①城市滨海景观;②城市滨水景观;③城市河道景观;④城市湖体景观。

第三节 城市滨水景观设计的导向

一、城市滨水景观设计原则

正确认识城市滨水景观,是做好设计工作的前提。而对城市滨水景观的认识,不能仅仅停留在"风景如画"上,应该从更深、更广的层面去理解和把握。总之,城市滨水区景观是城市最具生命力的景观形态,是城市中理想的生态走廊。在城市滨水区进行景观设计时应遵循以下基本原则。

(一)自然生态原则

自然生态原则是城市滨水区景观设计所要遵循的首要原则,城市滨水区由于特殊的地理位置,属生态敏感区域,在以往的城市建设中,由于考虑防洪等因素,滨水区域往往筑起高高的驳岸,水陆分隔明显,加上水体污染严重,水质往往较差,因而滨水区的自然和生态无从谈起。例如,京杭大运河杭州段中北桥一带景观,从防洪等因素考虑两侧筑起了高高的驳岸,这无论是从生态角度,还是景观角度来讲都不太合理。崇尚自然和生态是当今世界的主题,在今天对滨水区景观重新建设的过程中,我们必须依据景观生态学原理模拟自然江河岸线,以绿为主,运用天然材料,创造自然有趣、丰富多彩的滨水景观,进一步保护生物多样性、净化水体,从而构建城市生态走廊,实现景观的可持续发展。

(二)文脉延续原则

一个城市的历史人文是独一无二的,是不可复制的,在发掘城市个性魅力时,它应该是主角。滨水区是城市发展最早的区域,城市的滨水区域总是隐含着丰富的历史文化遗迹,所以滨水区景观的规划设计应注重对历史人文景观的挖掘。所谓的历史人文景观即人类历史社会的各种传统文化景观。规划设计要充分考虑区域的地理、历史、环境条件,发掘历史传统人文景观资源,同时满足使用功能和观赏要求,只有这样才能创造出思想内涵深刻、独具特色的滨水景观。

当然在遵循文脉延续原则时要注重传统与现代的交流和互动,其中包括两个方面:一方面指传统的历史人文和现代城市中的人文景观相融会贯通;另一方面是指在景观设计和改造过程中要对原有的滨水景观改造利用,对有历史价值的景观要合理利用。景观的表现形式和做法也应该实现传统和现代相结合,例如,将传统的材料结合现代的做法,只有这样才能真正实现文脉的延续,让市民在游憩的同时也能享受历史文化和现代都市文化的双重熏陶。

(三)以人为本原则

"以人为本"是当今以及将来社会发展所要追求的,城市景观设计的最终目的是服务于人类,因此理所当然要遵循这一原则。当代美国城市景观设计大师哈普林曾经说过,我们所作所为,意在寻求两个问题:一是什么是人类与环境共生共栖的根本?二是人类如何才能达到这种共栖共生的关系?我们希望能和居住者共同设计出一个以生物学和人类感性为基础的生态体系。这句话的含义是，景观设计的中心是为了"人"，使人与环境达到高度和谐，这是景观设计的出发点。在不同领域"以人为本"思想的体现各不相同，即便是在景观设计领域内，设计不同的场所时也存在差异，在滨水区景观设计时主要应加强以下几方面的设计。

1.亲水性设计。受现代人文主义极大影响的现代城市滨水景观设计更多地考虑了"人与生俱来的亲水特性"。以往，人们惧怕洪水，因而建造的堤岸总是又高、又厚，将人与水远远隔开。而科学技术发展到今天，人们已经能较好地控制水的涨与落，因而使亲水性设计成为可能。

亲水性设计主要表现在驳岸的处理以及临水空间的营造等方面，如何让人与水体进行直接交流，是设计这类景观时应着重探讨的。实现同水体的接触性交流，固然能体现亲水性，但是在设计过程中由于其他因素和条件的限制，有时不能采取这种方式。所以，我们在设计时应考虑采取其他的手段，如从视觉、听觉、嗅觉等方面做文章，让人同样感受到水的乐趣，而且我们也正需要这种不同角度的多重体验。从另一个角度来看，并不是说平台越临水，人离水越近，就越能表现亲水性。试想如果水质较差，散发异味，则即便平台再临水，人们也不愿意停留。总之，对于亲水性的设计要综合多方因素来加以考虑才能真正达到设计者的目的。设计亲水平台，游人可以休息，也可临水而立，面对开阔的水面欣赏远处重峦叠嶂的美景，傍晚夕阳余晖洒满水面，使得景色更为迷人。因此在亲水平台设计时除了要考虑亲水性，也要充分考虑其所处的位置，是否有景可观，反过来其本身也应成为一景。例如，杭州北山路改造后呈现的水中观景平台。由于道路宽度有限，公交车靠站时的空间尤显局促，因此设计者别具匠心设计了该水中平台，将陆地向水中延伸，提供给人们"人在水中央"的特殊候车感受，不仅如此，在夏季人们还能感受湖面吹来的伴着藕香的徐徐凉风，这也是"以人为本"原则的综合体现。

2.开放空间设计。从我国国情来看，我国人口众多，而城市中的公共开放空间较少，近些年来城市广场和公园等开放空间的建设在一定程度上弥补了这一劣势，但同时我们也发现广场这类开放空间设计的一些弊端，即其空间形式往往不够人性化，利用率普遍不高。在前文已多次提到滨水区是城市的主要开放空间,建构合理完善的城市开放空间系统离不开滨水区的建设。滨水区景观特色突出,既是市民活动的主要空间,也是外来旅游者观光活动的主要场所,在滨水空间往往呈现人流涌动的景象,这一点在很多城市如上海、杭州、南京和香港等得到验证。

滨水区和城市其他空间相比往往呈现带状的空间特点,因而在设计时它更适宜将岸线空间与已建成的环境融合起来,创造各种不同用途、大小不一的开放空间。精心处理开放空间和建筑地区交界的边缘线,使之富有变化,以创造一个充满趣味的空间和生动的滨水环境。滨水区丰富多样的开放空间设计将进一步满足人们休闲和交流的愿望,提高生活品质,从而体现"以人为本"的宗旨。

3. 无障碍绿色步行系统及自行车道设计。随着社会经济的持续发展,城市人口也逐渐步入老龄化,应扩大老龄化城市中脆弱群体的活动范围和空间,适应脆弱群体的心理及生理需求,将更多市民的活动引向水边。滨水绿地的道路系统应同时考虑脆弱群体专用的平滑地面、防滑道以及健康步道。此外,为了满足人们健身和游玩以及环保等要求,应提倡设计自行车专用道,创造真正绿色环保的活动空间。

二、滨水区绿地景观设计

滨水区接近水体,空气清新,视野开阔,能吸引市民及游客游览、休憩,使其流连忘返。在滨水区沿线建设一条连续的、功能多样的公共绿带,包括林荫散步道、广场、码头、观景台等,是滨水区景观设计的重点内容。其中连绵不断的林荫道是整个滨水区的主要脉络,是景观元素中的"线";在这条线上设置重点建筑、环境小品等,是作为景观元素中的"点";而在这条主线的周边建造的公园、广场等则成为公共绿地的"面"。点、线、面三者结合,便构成完整的滨水区景观。

滨水区的植物应多样化选择,使滨水区绿地景观更加丰富。滨水区的绿化应多采用花草、低矮灌丛、高大树木等的层次组合,以尽量符合自然植物群落的结构。另外,要增加软地面和植被覆盖率,种植一些能够遮阳和减少热辐射的乔木类植物。这些植被既能促进生态平衡、美化环境,也可为城市提供丰富的景观。

现代城市滨水区设计观念要求把建筑、环境和社会联系在一起,将其看作一个有机整体。这种综合性的设计必须是在遵循当地历史文化、社会背景、环境形态、以人为本等原则的基础上进行,要科学合理地组织滨水区的交通系统、步行系统、绿地系统、建筑物群等要素,使各部分的内容有序列、有层次地展开,为人所认同、所感知,成为精神上的享受和情感上的寄托。

三、滨水空间亲水性的营造

"水者何也? 万物之本原也,诸生之宗室也。"古人对于水的认识已经上升到哲学高度,世界几大文明古国都有关于水的神话。正是由于水的生态意义如此重要,加之水的物理特性,使人们对水产生偏爱。尤其是古代充满智慧哲思的中国人对于水的思考、面对水的感怀,留下了许多千古传颂的名篇佳句和动人传说,水亦成为不折不扣的文化现象——人们对于水的情感已经超出了水本身的意义而成为一种精神的追求。

(一)水环境对人的行为与心理的影响

城市滨水大面积的水体形成连续的界面,它有着开阔的空间、良好的视野、清新的空气,人们紧张的身心在这里得到抚慰和放松。人对环境的认知,主要通过眼、耳、鼻、舌、皮肤等感觉器官接受外界刺激而实现。因此,人对于水环境心理感受主要通过视觉、听觉、触觉和体觉等途径实现。

视觉:视觉是人类对外界最主要的感知方式,一般认为,对于正常人来说,70%~80%的信息是通过视觉获得的,同时90%的行为是由视觉引起的。视觉使人们能够看到水,感受水的主要特征,包括形态、颜色、肌理,感受水面的开阔、平静、秀丽、清纯,进而感受整个滨水带的开放性和包容性。可以说人们对滨水的整体意象主要是其视觉特征。

听觉:滨水区由于水的流动而产生稳定持续的背景音,进一步掩盖了城市中的噪声,更加净化了人们的听觉空间。听觉起到视觉的辅助作用,在视觉不及的范围内,听觉又可以引起人们的注意。

触觉:触觉更能加深人们对水的特性的感知,水的凉爽、柔软、流动带给人们的触觉感受是很丰富的。俯下身子触摸水,光着脚在水边漫步,这些行为能否实现是评价亲水性建构成功与否的重要标准。这也是夏季滨水地段更加吸引人的原因之一。

体觉:人们置身水中最能加深对水特性的感知,这包括人乘船游览和在水中游戏。在城市中的滨水区,提供水上观光的游船和开辟滨水浴场对于亲水性的创造将有很大帮助。

(二)环境特征及设施与亲水性

人类具有亲水的天性,环境特征及设施对人类亲水性活动产生重要的影响,影响因素主要有如下几点。

1.亲水性活动与地域性的关系。不同地域的水环境是有差异的,海滨城市的亲水活动和江南水乡城市的亲水活动有许多的不同。

2.河道的形态对亲水活动的影响。有的河道水位升降不大,护坡呈自然形态,护岸边坡坡度平缓,人和水面很容易亲近;而有的河道有排洪和泄洪的功能,因季节的关系水位落差非常大,它的护坡须人为地修建防洪堤和防洪墙,以保证河流两岸市民的安全,人们的亲水活动必须通过人工修建的设施才能进行。

3.水质和流量对亲水活动的影响。清澈见底的水质很容易吸引人们的目光,水的流量和流速对人的安全会产生影响,也就会影响到人们发生亲水活动的可能性。

4.河流的生态性与亲水活动的关系。河流生态保持的好坏直接影响到河水的水质和河流景观的多样性、丰富性。

5.景观特征与亲水活动。滨水空间的丰富性、开放性,自然的、人工的景观等构成了河流景观的主要要素,这些构成要素组成了滨水区河流的整体景观效果,这些景观对吸引人们进行亲水活动发挥着重要的作用。

(三)亲水活动的类型划分

为了能有效地将亲水设施导入适宜的河流环境中,首先应将亲水活动进行分类,并在此基础上做进一步的详细划分,这不仅可以有效地将以亲水活动为中心的河流特征和需求反映在规划中,而且还可以进一步从场所利用的角度考虑空间的特征。同时,亲水活动类型的划分使得规划本身目标更明确。从亲水活动类型来分主要有自然观赏型——观赏自然风光、照相留影、摄影、写生等;休闲散步型——老人、情侣、游客在悠闲地散步、座谈等;户外活动型——在河边放风筝、垂钓、游泳等,集会型——赛龙舟、水上音乐会、篝火晚会等;休闲运动型——划船、赛艇比赛等。不同年龄层次的人对亲水活动类型的要求是有差别的,人们在滨水区的亲水活动有时是多方面的、综合性的,这些也是亲水设施导入需要关注的问题。

四、滨水驳岸生态化设计

人类各种无休止的建造活动,造成自然环境的大量破坏。然而,当事物的基本形态有所改变时,人们的价值观也会发生变化。为了保护我们的生存环境,我们应该抛弃所谓的"完美主义",对人为的建造应控制在最低限度内,对人为改造的地方应设法在生态环境上进行补偿设计,使亲近自然的设计理念真正运用在设计实践中。将建设自然型城市的理念落实在城市滨水区的建设中,对河道驳岸的设计处理十分重要。为了保证河流的自然生态,在护岸设计上的具体措施如下。

1.植栽的护岸作用。在河床较浅、水流较缓的河岸,可以种植一些水生植物,在岸边可以多种柳树。这种植物不仅可以起到巩固泥沙的作用,而且树木长大后,在岸边形成蔽日的树荫,可以控制水草的过度生长和减缓水温的上升,为鱼类的生长和繁殖创造良好的自然条件。

2.石材的护岸作用。城市滨水河流一般处于人口较密集的地段,要重点考虑对河流水位的控制及堤岸的安全性。因此,采用石材和混凝土护岸是当前较为常用的施工方法。这种方法既有它的优点,也有它的缺陷,因此在这样的护岸施工中,应采取各种相应的措施,如栽种野草,以淡化人工构造物的生硬感。在石砌护岸表面,有意识地做出凹凸感,这样的肌理给人以亲切感。在水流不是很湍急的流域,可以采用干砌石护岸,这样可以给一些植物和动物留有生存和栖息地。

第四章 城市广场的景观设计

第一节 城市广场设计概述

一、概念

从语言学角度来理解和认识城市广场的概念。拉丁语"Platea"原本指房屋与房屋之间"宽阔的空间",是一种关于道路与内庭院的表达用语,古希腊的"Agora"是"集中"的意思,表示人群的集中或人群集中的地方,后来常被用来表示广场;现代用语中表达广场的用词"Square"首先是"方形""方正"的意思,暗示着广场"方正"的空间形态;从各种语言表达中,我们可以观察到有关广场的概念共性,即具有一定空间开阔性。从使用功能上来理解城市广场的概念会更直接,城市广场起源于原始社会人们的庆典、祭祀、氏族会议等活动。由此可见,广场出现之初就是人群集中的地方,具有明显的公共活动场所的特征。"广场是由于城市功能上的要求而设置的,是供人们活动的空间。城市广场通常是城市居民的社会活动中心,广场上可组织集会、组织居民游览休息、组织商业贸易的交流等。"这强调的是广场的功能作用。我国学者李泽民在《城市道路广场规划与设计》一书中把城市广场定义为:"城镇广场是指在城市(镇)总平面布置上,一般未被房屋占有,而与城市道路相连接的社会公共用地部分。"其强调的是城市中与道路关系紧密的城市空地。

二、城市广场的基本特点

现代城市的广场不仅丰富了市民的社会文化生活,改善了城市环境,带来了多种效益,同时也折射出当代特有的城市广场文化现象,成为城市精神文明的窗口。在现代社会背景下,城市广场面对人的需求,表现出以下基本特点。

1.性质上的公共性。城市广场作为城市户外公共活动空间系统中的一个重要组成部分,随着人们工作、生活节奏的加快,传统封闭的文化习俗逐渐被现代文明开放的精神所代替,人们越来越喜欢丰富多彩的户外活动。在广场活动的人们不论其身份、年龄、性别有何差异,都具有平等的游憩和交往需求。现代城市广场要求有方便的对外交通,这正是满足公共性特点的具体表现。

2.功能上的综合性。功能上的综合性特点表现在多种人群的多种活动需求,它是广场产生活力的最原始动力,也是广场在城市公共空间中最具魅力的原因所在。现代城市广场应满足的是现代人户外多种活动的功能要求。年轻人聚会、老人晨练、歌舞表演、综艺活动、休闲购物等,都是过去以单一功能为主的专用广场所无法满足的,取而代之的必然是能满足不同年龄、性别的各种人群(包括残疾人)的多种功能需要,具有综合功能的现代城市广场。

3.空间场所上的多样性。现代城市广场功能上的综合性,必然要求其内部空间场所具有多样性特点,以达到实现不同功能的目的。如歌舞表演需要有相对完整的空间,给表演者的"舞台"或下沉或升高;儿童游戏需要有相对开敞独立的空间等,综合性功能如果没有多样性的空间与之相匹配,是无法实现的。场所感是在广场空间、周围环境与文化氛围相互作用下,使人产生归属感、安全感和认同感。这种场所感的建立对人是莫大的安慰,也是现代城市广场场所性特点的升华。

4.文化休闲性。现代城市广场作为城市的"客厅",是反映现代城市居民生活方式的"窗口",注重舒适、追求放松是人们对现代城市广场的普遍要求,从而使现代城市广场具有休闲性特点。广场上精美的铺地、舒适的座椅、精巧的建筑小品加上丰富的绿化,让人徜徉其间流连忘返,忘却了工作和生活中的烦恼,尽情地欣赏美景、享受生活。如合肥胜利广场中紧贴回廊边布置的水景,模仿溪流、瀑布,水是循环流动的,放养各色观赏鱼于其中。每当夜晚来临,水底的彩灯反射出粼光波影,人们漫步其间,伴随着轻松、优美的背景音乐,是何等的愉快。现代城市广场是现代人开放型文化意识的展示场所,是自我价值实现的舞台。特别是文化广场,表演活动除了有组织的演出活动外,广场内的表演更多是自发的、自娱自乐的行为,它体现了广场文化的开放性,满足了现代人参与表演活动的"被人看""人看人"的心理表现欲望。在国外,常见到自娱自乐的演奏者、悠然自得的自我表演者,对广场活动气氛也是很好的提升。我国城市广场中单独的自我表演不多,但自发的群体表演却很盛行。现代城市广场的文化性特点,主要表现在两个方面:一方面是现代城市广场对城市已有的历史、文化进行反映;另一方面是指现代城市广场也对现代人的文化观念进行创新。即现代城市广场既是当地自然和人文背景下的创作作品,又是创造新文化、新观念的手段和场所,是一个以文化造广场、又以广场造文化的双向互动过程。

三、城市广场分类

(一)按性质分类

1.市政广场。市政广场一般位于市政府和城市行政中心所在地,与繁华的商业街区有一定的距离,尽量避开人群的干扰,突出庄重的气氛,一般面积较大,能容纳较多人。广场上通常会安排一些活动,如音乐会和政治集会等。由于市政广场的主要目的是供群体活动,所以应以硬地铺装为主,同时可适当点缀绿化和小品。

2.纪念广场。针对某一特定历史事件或某一人物而修建的带有纪念、缅怀性质的广场。常用象征、标志、碑记、纪念馆等手段来突出某一主题,创造与主体相一致的环境气氛。主体纪念物应位于视觉中心,并根据纪念主题和整个场地的大小来确定其大小尺度、表现形式,材料质感等。形象鲜明,刻画生动的纪念主体将大大加强整个广场的纪念效果。

3.交通广场。它是城市交通系统的有机组成部分,是交通的连接枢纽,以疏散、组织、引导交通流量,转换交通方式为主要功能。交通广场有两类:一种是城市多种交通汇合转换处的广场,如火车站站前广场。这类广场要充分运用人车分离的技术,合理组织人流、物流和车流的动线,最大限度地保障乘客安全、便利地换乘和出站。广场要有足够的行车、停车和行人活动面积,并配置座椅、餐厅、小卖部、书报刊亭、银行自动取款机等设施,以更大程度方便游客出行;另一种交通广场是城市多条干道交汇处,也就是常说的环岛,一般以圆形为主。由于它往往位于城市的主要轴线上,所以其景观对整个城市的风貌影响甚大。因此,除了配以适当树木以外,广场上常常还设有重要的标准性建筑或大型喷泉,形成道路的对景。

4.商业广场。商业广场位于商业区的节点,是城市生活的重要中心之一,是人们进行商品买卖和休闲娱乐的集散广场。商业广场以步行环境为主,内外建筑空间应相互渗透,商业活动区应相对集中,这样既便利顾客购物,也易于形成活泼醒目的商业氛围。这种广场应合理组织流线,避免人流与车流的交叉,并设置休息设施供人们在购物之余休息。

5.建筑广场。建筑广场是建筑后退形成的开敞空间,其风格形式要兼顾建筑以及道路对景的需要。芦原义信在《街道的美学》一书中,认为建筑广场可以大大丰富道路的景观,是建筑物和道路相互联系的过渡空间,往往通过设置室外雕塑、花坛、喷泉、标牌加强引导交通和空间隔离的作用。

6.市民休闲广场。市民休闲广场是城市中供人们休憩、游玩、交流、聚会以及进行各种演出活动的场所。其平面布局形式灵活多样,可以是无中心、片段式的,即每一个小空间围绕一个主题,而整体是"无"的。由于广场旨在为人们创造一个宜人的休闲场所,因此,广场无论面积大小,从空间形态到小品、座椅都要符合人的环境行为规律及人体尺度,才能使人乐在其中。

(二)按形状分类

广场因内容要求、客观条件的不同而有不同的规划处理手法。现根据一般的情况和历史上的一些广场加以说明。

1.规整形广场。广场的形状比较严整对称,有比较明显的纵横轴线,广场上的主要建筑物往往布置在主轴线的主要位置上。

(1)正方形广场:在广场本身的平面布局上,无明显的方向,可根据城市道路的走向、主要建筑物的位置和朝向来表现广场的朝向,如巴黎旺多姆广场。该广场始建于17世纪,平面接近方形(长141米,宽126米),有一条道路居中穿过,为南北轴线;横越中心点有东西轴线。中心点原有路易十四的骑马铜像,法国大革命时被拆除,后被拿破仑为自己建造的纪功柱所代替。纪功柱高41米。广场四周是统一形式的3层古典主义建筑,底层为券柱廊,廊后为商店。广场为封闭型,建筑统一、和谐,中心突出。纪功柱成为各条道路的对景。这样的广场要组织好交通,使行人活动避免交通的干扰。

(2)长方形广场:在广场的平面上,有纵横的方向之别,能强调出广场的主次方向,有利于分别布置主次建筑。在作为集会游行活动使用时,会场的布置及游行队伍的交通组织均较易处理。广场的长宽比无统一规定。但长宽过于悬殊,则使广场有狭长感,成为宽阔的干道,而减少了广场的气氛。广场究竟采用纵向还是横向布置,应根据广场的主要朝向、与城市主要干道的关系及广场上主要建筑的体形要求而定。过去欧洲历史上以教堂为主要建筑的广场,因配合教堂的纵向高耸的体形,多以纵向为轴线。

(3)梯形广场:由于广场的平面为梯形,因此,有明显的方向,容易突出主体建筑。广场只有一条纵向主轴线时,主要建筑布置在主轴线上,如布置在梯形的短底边上,容易获得主要建筑的宏伟效果;如布置在梯形的长底边上,容易获得主要建筑与人较近的效果。还可以利用梯形的透视感,使人在视觉上对梯形广场有矩形广场感。

(4)圆形和椭圆形广场:圆形广场、椭圆形广场基本上和正方形广场、长方形广场有些近似,广场四周的建筑,面向广场的立面往往应按圆弧形设计,方能形成圆形或椭圆形的广场空间。如罗马圣彼得广场,建于17世纪,由一个梯形广场及一个长圆形广场组合构成,是一个有代表性的巴洛克式广场。广场总进深327米,长圆形广场长径与短径分别为286米及214米。梯形广场进深113米,梯形短边与长边分别113米及136米。长圆形广场中央建有纪功柱,其两侧布置喷泉。圣彼得广场与教堂是一个整体,广场的性质既是一个宗教广场,又是一个市民广场。

2.不规则形广场。由于用地条件,以及城市在历史上的发展要求和建筑物的体形要求,会产生不规则形广场。不规则形广场不同于规则形广场,平面形式较自由。如意大利威尼斯圣马可广场、锡耶拿的坎波广场都是很有特色的不规整形广场。圣马可广场平面由三个梯形组成,广场中心建筑是圣马可教堂。教堂正面是主广场,广场为封闭式,长175米,两端宽分别为90米和56米。此广场在教堂南面,朝向亚德里亚海,南端的两根纪念柱既限定广场界面,又成为广场的特征之一。教堂北面的小广场是市民游憩、社交聚会的场所。广场的建筑物建于不同的历史年代,虽然建筑风格各异,但能相互协调。建于教堂西南角附近的钟楼高 100 米,在城市空间构图上起了控制全局的作用,成为城市的标志。坎波广场是中世纪不规则广场的另一范例,它位于市中心,是一个被建筑围合的广场,市政厅建于广场南部。在市政厅对面,西北侧呈扇形平面,广场地面用砖石铺砌,形如扇形,由西北向东南倾斜,创造了排水与视线的良好条件。市政厅侧面有高耸的钟塔,与周围建筑形成强烈对比。是一个独具特色的生活和聚会广场。不规整形广场的平面布置、空间组织、比例尺度及处理手法必须因地制宜。在山区,由于平地不可多得,有时在几个不同标高的台地上,也可组织不规整形广场。广场的规划布置,不是孤立在城市之外,而是城市的有机组成部分。有时,一个广场不能满足有关功能的要求,而设置了各种不同功能的广场,形成了广场群。广场群应考虑广场之间的有序联系,形成一个统一协调的整体。总之,广场的规划布置应根据具体情况具体处理。

第二节 传统城市广场的发展过程

城市广场的发展至今已经有数千年的历史。在本节主要根据我国与西方国家的城市广场的发展情况来探索其发展历程。

一、西方城市广场的发展过程

在西方一般认为真正意义上的城市广场源于古希腊时代,古希腊早期的广场是人们自由交谈的场所。最初雅典城市的中心是雅典卫城,随着卫城中神庙和雕像的增加,空间变得拥挤,促使卫城的行政职能逐渐转移到卫城脚下的雅典广场周围。后来,伴随城市重要建筑物的建造,衍生出商业、司法、行政和宗教等活动。这样,雅典宪法广场一步步取代了雅典卫城。由于当时浓郁的政治民主气氛和适宜的气候条件,人们喜爱户外活动,这也是促成当时室外交往空间产生的重要原因。雅典宪法广场是雅典市中最重要的公共活动场所。该广场设计观念体现着古希腊人本主义的设计思想,以人的视觉尺度为标准,注重非对称的平衡,用建筑物围合广场空间,建筑物的形体和细部均按照人的尺度来决定。古罗马的城市广场受到古希腊的影响,闻名于世的共和广场是城市社会、政治和经济活动的中心。罗马市民在此接受教育、举行庆典、进行宗教和商业活动,共和广场沿着一条大约300米长的东西向线形的开敞空间逐渐发展起来,周围散乱地布置着神庙、行政管理建筑、商场和集会建筑,建筑物之间形式上缺少相互关系。伴随罗马政治权力的增长,广场上新的建筑规模越来越大,罗马人逐渐认识到,重要建筑群的设计方法不在于夸大建筑单体的体量和细部,而应以建筑群体组成的城市空间为设计重点。至帝国时期,随着政治权力的集中,城市广场性质发生了变化。商业功能转移到比较小的广场上;庆典和体育活动改在圆形竞技场内进行;法律和经济事务转移到大会堂内处理。统治者们兴建广场不再是为了集会和日常使用,而是为了纪念自己的功绩,为自己树碑立传。广场的形式逐渐由自由转为规整,由开敞转为封闭,建筑形体设计也服从广场空间的需要,以巨大的庙宇、华丽的柱廊来表彰各代皇帝的业绩,皇帝的雕像开始出现在广场中央的主要位置上。中世纪的城市广场具有宗教、市政和商业三大功能。这个时期意大利的城市广场是城市空间的"心脏"。几乎每个城市都拥有空间均匀的广场,这些广场大多都位于城市中心,并结合修道院、教堂、市政厅而建设。当时欧洲有着统一而强大的教权,教堂常常以庞大的体积和超出一切的高度,占据城市的中心位置,控制着城市的整体布局。有些城市还有市政广场和市场广场。许多中世纪的广场周围往往设有宗教和行政两种权力机构,形成一个城市空间。中世纪的广场体现着人的现实生活和宗教精神的结合,空间的尺度重新回到人的尺度,平面多采用不规则形,具有较强的围合特性,周围的建筑物有良好的视觉、空间和尺度的连续性,从而创造出"如画"的景观效果。15世纪文艺复兴是欧洲历史的转折点,掀开了近代文化发展的新篇章。人文、理性和科学是文艺复兴的精神核心,广场设计方面运用美学原理、透视原理和比例法则,追求人的视觉秩序和庄严宏伟的效果,设计过程亦由中世纪的"渐进式"改变为"自上而下"的有计划"决定论式"。早期的广场受中世纪传统的影响,周围建筑布置比较自由,空间具有较强的围合性,雕像多设在广场的一侧。后期的广场布局规整,并常常采用柱廊形式,空间较为开敞,雕像往往放在广场中央,以强化轴线和空间,丰富广场的层次,广场四周的建筑风格协调,建筑形体完美。著名的威尼斯圣马可广场就是在这一时期完成的。巴洛克风格的城市广场的特点是,将广场空间与城市道路体系尽可能联成一个整体,强调动态视觉美感和道路对景效果,形成一种自由流动的连续景观空间。如罗马圣彼得广场。随着绝对君权的建立,在17世纪的法国形成了古典主义文化。它体现了有序的、有组织的、永恒的王权至上的要求,追求抽象的对称和协调,崇尚纯粹的几何关系和数学关系,强调构图中的主从关系,突出轴线、讲求对称。这个时期的城市广场是法国城市建设中最突出的成就之一。在巴黎,出现了分布在一条轴线上的广场系统规划。纪念性广场有了很大的发展,开始把绿化、喷泉、雕像、建筑小品和周围建筑组成一个协调的整体,并注意广场周围环境与广场之间的联系。

二、中国城市广场的发展过程

从历史角度来看,中国与西方相比较,城市广场发展相对落后。与欧洲及现代城市广场的概念也有一定的差距,只能称之为似广场。广场类型主要有两类:第一类是由院落空间发展而形成的,这类广场往往出现在按政治、军事统治要求进行整体规划的城市当中,如北京的天安门广场,其平面布局充分体现了中国传统建筑群讲究轴线对称、序列空间及区分尊卑主次的特征,这种布局手法由住宅院落发展而来,到宫殿、庙宇建筑群,再到整个城市的总布局,各种城市广场可以看作是这种建筑组群的封闭性大空间,不同于古代欧洲城市广场,中国传统广场更多的是体现一种精神意义,有维护封建礼制和等级秩序的功能,还有运气、吉凶等十分玄妙的象征意义;第二类则是结合交通、贸易、宗教活动之需而自由发展起来的城镇空地,没有进行整体规划,但却表现出与城市整体空间良好的拓扑关系,大体有庙宇前广场、商业广场、交通广场和世俗广场,这一类广场多呈不规则的自由形态,空间流畅、尺度宜人、利于步行者活动,具有较强的市民性。

现代城市广场设计又有了突破性进展。它已经不再是简单的空间围合和视觉美感的问题,而是城市有机组合中不可缺少的一部分。规划建设强调多学科交叉,除了传统的规划学和建筑学科知识外,还必须融合生态学、环境心理学、行为科学的成果,并充分考虑设计的时空有效性和将来的维护管理等。著名的实例有美国纽约洛克菲勒中心广场、日本东京惠比寿花园广场。另一方面,历史遗存的城市广场的保护与改造也取得了瞩目成就,许多著名的城市广场及其广场文化得以保存下来,并有了新的意义。如锡耶纳的坎坡广场每年7月举行赛马活动,至今依然吸引全世界的游客前往参观。

第三节 城市广场的景观规划设计

一、广场的面积与尺度

广场面积的大小和形状的确定取决于功能要求、观赏要求及客观条件等方面的因素。功能要求方面,如交通广场,取决于交通流量的大小、车流运行规律和交通组织方式等。集会游行广场,取决于集会时需要容纳的人数及游行行列的宽度,它在规定的游行时间内能使参加游行的队伍顺利通行。影剧院、体育馆、展览馆前的集散广场,取决于在许可的集聚和疏散时间内能满足人流与车流的组织与通过。此外,广场还应包括相应的附属设施,如停车场、绿化种植、公用设施等。观赏要求方面,应考虑人们在广场上时,对广场上的纪念性、装饰性建筑物等有良好的视线、视距。在体形高大的建筑物的主要立面方向,宜相应地配置较大的广场。如建筑物的四面都有较好的造型,则在其四周适当地配置场地,或利用朝向该建筑物的城市街道来显示该建筑物的面貌。但建筑物的体形与广场间的比例关系,可因不同的要求,用不同的手法来处理。有时在较小的广场上,布置较高大的建筑物,只要处理得宜,也能显示出建筑物高大的效果。广场面积的大小,还取决于用地条件、环境条件、历史条件、生活习惯等客观情况。如城市位于山区,或在旧城市中开辟广场或由于广场上有有历史艺术价值的建筑和设施需要保存,广场的面积就受到客观条件的限制。又如气候暖和的地区,广场上的公共活动较多,则要求广场有较大的面积。

广场的尺度比例包括的内容较多,包括广场的用地形状;各边的长度尺寸之比;广场大小与广场上的建筑物的体量之比;广场上各组成部分之间相互的比例关系;广场的整个组成内容与周围环境,如地形地势、城市道路以及其他建筑群等的相互的比例关系。广场的比例关系不是固定不变的,例如,天安门广场的宽为 500 米,两侧的建筑,人民大会堂、革命历史博物馆的高度均在 30—40 米之间,其高宽比约为 1:12。这样的比例会使人感到空旷,但由于广场中布置了人民英雄纪念碑、大型喷泉、灯柱、栏杆、花坛、草地,特别又建立了毛主席纪念堂,丰富了广场内容,增加了广场层次,使人并不感到空旷,反而感觉舒展明朗。广场的尺度应根据广场的功能要求、广场的规模与人的活动要求而定。大广场中的组成部分应有较大的尺度,小广场中的组成部分应有较小的尺度。踏步、石级、栏杆、人行道的宽度,则应根据人的活动要求设计。车行道宽度、停车场的面积等要符合交通工具的尺度。

二、广场的建筑物与设施布置

建筑物是组成广场的重要因素。广场上除主要建筑外,还有其他建筑和各种设施。这些建筑和设施应在广场上组成有机的整体,主从分明。满足各组成部分的功能要求,并合理地解决交通路线、景观视线和分期建设问题。广场中纪念性建筑的位置选择要根据纪念性建筑物的造型和广场的形状来确定。纪念物是纪念碑时,无明显的正背关系,可从四面来观赏,宜布置在方形、圆形、矩形等广场的中心。当广场为单向入口时,或纪念性建筑物为雕像时,则纪念性建筑物宜迎向主要入口。当广场面向水面时,布置纪念性建筑物的灵活性较大,可面水、可背水、可立于广场中央、可立于临水的堤岸上,或以主要建筑为背景,或以水面为背景,突出纪念性建筑物。在不对称的广场中,纪念性建筑物的布置应使广场空间构图取得平衡。纪念性建筑物的布置应不妨碍交通,并使人们有良好的观赏角度,同时其布置还需要有良好的背景,使它的轮廓、色彩、气氛等更加突出,以增强艺术效果。广场上的照明灯柱与扩音设备等设施,应与建筑、纪念性建筑物协调。亭、廊、座椅、宣传栏等小品体量虽小,但与人活动的尺度比较接近,有较大的观赏效果。它们的位置应不影响交通和主要的观赏视线。

三、绿化种植设计

绿化是城市生态环境的基本要素之一。作为软质景观,绿化是城市空间的柔化剂。今天城市高层建筑鳞次栉比,街道越发显得狭窄,通过绿化的屏障作用可以减弱高层建筑给人的压迫感,增加空间的人性化尺度,并适当掩蔽建筑与地面以及建筑与建筑之间不容易处理好的部位。城市广场的绿化设计要综合考虑广场的性质、功能、规模和周围环境。广场绿地具有空间隔离、美化景观、遮阳降尘等多种功能。应该在综合考虑广场功能空间关系、游人路线和视线的基础上,形成多层次、观赏性强、好管理的绿化空间。一般来说,公共活动广场周围宜栽种高大乔木,集中成片的绿地不小于广场总面积的25%,并且绿地设置宜开敞,植物配置要通透疏朗。车站、码头、机场的集散式广场应该种植具有地方特色的植物,集中成片绿地不小于广场总面积的10%。纪念性广场的绿化应该有利于衬托主体纪念物。值得一提的是,树木本身的形状和色彩是创造城市广场空间的一种重要景观元素。对树木进行适当修剪,利用纯几何形或自然形作为点景元素,既可以体现其阴柔之美,又可以保持树丛的整体秩序;树木四季色彩变化,给城市广场带来不同的面貌和气氛;再结合观叶、观花、观景的不同树种与观赏期的巧妙组合,就可以用色彩谱写出生动和谐的都市交响曲。城市广场绿地种植主要有四种基本形式:排列式种植、集团式种植、自然式种植、花坛式(即图案式)种植。

(一)排列式种植

这种形式属于整形式,主要用于广场周围或者长条形地带,用于隔离或遮挡,或做背景。单排的绿化栽植,可在乔木间加种灌木,灌木丛间再加种草本花卉,但株间要有适当的距离,以保证有充足的阳光和营养面积。在株间排列上近期可以密一些,几年以后可以考虑间移,这样既能使近期的绿化效果好，又能培育一部分大规格苗木。乔木下面的灌木和草本花卉要选择耐阴品种。并排种植的各种乔灌木在色彩和体形上要注意协调。

(二)集团式种植

集团式种植也是整形式的一种，是为避免成排种植的单调感，把几种树组成一个树丛，有规律地排列在一定的地段上。这种形式有丰富、浑厚的效果，排列得整齐时远看很壮观，近看又很细腻。可用草本花卉和灌木组成树丛，也可用不同的灌木和乔木组成树丛。

(三)自然式种植

这种形式与整形式不同，是在一定地段内，花木种植不受统一的株、行距限制，而是疏密有序地布置，从不同的角度望去有不同的景致，生动而活泼。这种布置不受地块大小和形状限制，可以巧妙地解决与地下管线的矛盾。自然式树丛布置要密切结合环境，才能使每一种植物苗壮生长。同时，此方式对管理工作的要求较高。

(四)花坛式(图案式)种植

花坛式种植即图案式种植，是一种规则式种植形式，装饰性极强，材料选择可以是花、草，也可以是修剪整齐的树木，可以构成各种图案。它是城市广场最常用的种植形式之一。花坛或花坛群的位置及平面轮廓应该与广场的平面布局相协调，如果广场是长方形的，那么花坛或花坛群的外形轮廓也以长方形为宜。当然也不排除细节上的变化，变化的目的只是为了更活泼一些，过分类似或呆板，会失去花坛所渲染的艺术效果。在人流、车流交通量很大的广场，或是游人集散量很大的公共建筑前，为了保证交通的通畅及游人的集散，花坛的外形并不强求与广场一致。例如，正方形的街道交叉口广场上、三角形的街道交叉口广场中央，都可以布置圆形花坛，长方形的广场可以布置椭圆形的花坛。花坛与花坛群的面积占城市广场面积的比例，一般最大不超过1/3，最小也不小于1/15。华丽的花坛，面积的比例要小些；简洁的花坛，面积比例要大些。花坛还可以作为城市广场中的建筑物、水池、喷泉、雕像等的配景。作为配景处理的花坛，总是以花坛群的形式出现。花坛的装饰与纹样，应当和城市广场或周围建筑的风格取得一致。花坛表现的是平面图案,由于人的视觉关系,花坛不能离地面太高。为了突出主体,又利于排水,同时不致遭行人践踏,花坛的种植床位应该稍稍高出地面。通常种植床中土面应高出平地7—10厘米。为利于排水,花坛的中央拱起,四面呈倾斜的缓坡面。种植床内土层保持50厘米厚以上,以肥沃疏松的砂壤土、腐殖质土为好。为了使花坛的边缘有明显的轮廓,并使植床内的泥土不因水土流失而污染路面和广场,也为了不使游人因拥挤而践踏花坛,花坛往往利用缘石和栏杆保护起来,缘石和栏杆的高度通常为10—15米。也可以在周边用植物材料作矮篱,以替代缘石或栏杆。例如,上海人民广场由一轴六面构成,除中心广场以硬地喷泉为主外,其余四大块均是大面积绿地,绿地主要以大块面的现代设计手法为主,外围的绿色屏障和内部开阔明快的地被花带表现了大手笔、大尺度绿地的魅力,从而取得简洁、大方的效果,广场的休闲游赏特性也随之增加。

第五章 森林资源经营管理概述

第一节 森林资源和森林资源资产

一、森林资源概述

森林资源包括林地以及林区野生的植物和动物。森林资源是以多年生木本植物为主体并包括以森林环境为生存条件的林内动物、植物、微生物等在内的生物群落,它具有一定的生物结构并形成特有的生态环境系统。森林作为自然资源的一种,在科学决策及合理经营的条件下,可以不断地向社会提供大量的物质产品,非物质产品则发挥其社会和生态功能。森林资源是保障国民经济持续发展的重要物质资源,它提供以木材为主的林产品,森林资源产业是国家重要的基础产业。同时,森林资源也是保障人类生存环境的重要生态资源,因此合理开发利用森林资源是全球可持续发展战略的重要组成部分。随着经济发展与生态环境日益恶化,森林资源的生态效益日益受到重视。森林资源是再生性的自然资源。森林资源的再生性表现为:当林木被采伐之后,可以通过人类劳动培育其再生,也可以在没有人为干预的情况下自然再生,只是后者需要更长的时间。森林的再生性决定着森林资源的再生性,由于森林资源的再生性,就可以通过人类劳动作用于自然,促进其生产和再生产,因此,森林资源又不完全是纯粹的自然资源。对森林资源的再生性的认识,是林业管理的重要内容,也是森林资源开发利用过程中不可忽视的内容。森林资源按其物质形态可分为以下几点:①森林生物资源包括林木及以森林为依托生存的动物、植物、微生物等资源;②森林土地资源包括林地、疏林地、宜林荒山、荒地等;③森林环境资源包括森林景观资源、森林生态资源等。

因此,森林资源是生物和非生物资源的综合体。它不仅能够为生产和生活提供多种宝贵的木材和原材料,还能够为人类经济生活提供多种食品,更重要的是森林能够调节气候、保持水土、防止和减轻旱涝、风沙、冰雹等自然灾害;还有净化空气、消除噪声等功能;森林还是天然的动植物园,哺育着各种飞禽走兽,生长着多种珍贵林木和药材。

森林资源是生态建设的物质基础,是林业持续发展的命根子。森林数量的多少、质量的高低是衡量一个国家和地区生态状况的重要指标。加强森林资源管理,对巩固生态建设成果,促进林业可持续发展,构建社会主义和谐社会具有重要意义。为此,我们一定要高度重视,以建设和培育稳定的森林生态系统、实现森林可持续经营为宗旨,以增加森林资源总量、提高森林质量、优化结构为主线,牢固树立和落实科学发展观,深入贯彻"严格保护、积极发展、科学经营、持续利用"的方针,建立健全以林地林权管理为核心、资源利用管理为重点、综合监测为基础、监督执法为保障的森林资源管理体系,全面提升森林资源管理水平。同时,还要进一步强化依法治林意识,自觉加大保护力度,严厉打击乱开滥垦、乱砍滥伐、乱捕滥猎等违法行为,加强林地管理,切实保护、管理好森林资源。

森林资源日益成为国际社会的焦点,中国作为国际上负责任的发展中大国,致力于全球森林资源保护、恢复和可持续发展。在保护和发展本国森林资源,为减缓全球森林面积减少、恢复森林方面做出重要贡献的同时,积极开展国际合作,与其他国家一起共同促进森林资源可持续发展和互惠互利合作。合理开展境外森林经营、利用和保护,为全球森林资源可持续发展发挥积极作用。进一步规范中国企业在境外从事森林资源经营和木材加工利用的行为,提高行业自律,促进全球森林资源的合法、可持续利用及相关贸易活动。

我国森林资源保护的现状。我国对森林资源的保护和管理较之以前已经有了很大的改观,但仍然存在一些问题。比如,森林资源总量不足,增长缓慢,存在重造林、轻管护,边建设、边破坏的现象;森林资源结构不合理,可采资源锐减,按目前的消耗速度,再过数年可采资源将消失殆尽;森林资源质量不高,林地生产力日趋下降;超限额采伐、林地逆转呈扩张之势等。这些问题反映出森林资源管理形势十分严峻,一方面国家投入大量资金恢复植被;另一方面仅有的森林资源在不断地遭到破坏。造成上述问题的原因主要有以下5个方面:①某些利益方短期行为明显,往往是局部利益考虑得多、全局利益考虑得少;②森林法律法规的具体落实缺乏时效,有些法律滞后,不适应新形势发展的要求;③在森林资源管护与发展的关系上,重造轻管,致使森林资源增长缓慢。我们知道造林要取得成效必须是"三分造,七分管",但是某些地方是"七分造,三分管,甚至没有管",片面追求造林数量增加,忽视造林质量提高,加之经营不合理,致使造林成效难以巩固;④不合理的利用方式是造成森林资源质量下降的重要原因之一,普遍存在单纯追求经济效益的倾向,森林质量不断下降,生态功能日趋减弱;⑤重点国有林区现行的管理体制不仅造成了国家对重点林区森林资源监督管理失控,同时也是造成森林资源过量消耗的重要根源。

（一）资源及其分类

资源是生产资料与生活资料的天然来源,是人类社会生存发展的物质基础。丰富的资源是产业发达的基础。自然资源是自然物质的客观存在,其分布与数量不以人的意志为转移,取决于自然规律。为了认识、管理、利用各种自然资源,人们根据不同的标准,可把资源分成若干种类:①按自然资源数量多少,可分为无限资源与有限资源。如阳光、空气为无限资源;水、矿物为有限资源;②按自然资源在开发过程中能否再生,可分为再生性资源与非再生性资源。如森林、草原属再生性资源;煤、石油是非再生性资源;③按资源的存在与发展中是否有生命运动,可分为生物资源与非生物资源。如动物、植物属于生物资源;岩石、矿物属于非生物资源。

（二）森林资源

森林是一个以林木为主体的生物生态系统,其中包括一定面积和密度的植物群落,这个群落中的所有生物,彼此互相影响,并且在一定程度上影响周围的环境;而这个群落的全体又受环境的支配和影响。人工林是投入了人的劳动的自然资源。人工林与天然林在资源属性上没有本质的区别,根本区别在于资源发生的初始阶段人力投入的多少。

森林资源的分类。森林资源按其物质形态可以分为森林林地资源、森林生物资源和森林环境资源。

(1)森林林地资源:森林林地资源是指用于林业生态建设和生产经营的土地和热带或亚热带潮间带的红树林地,包括郁闭度0.2以上的乔木林以及竹林地、灌木林地、疏林地、采伐和火烧迹地、未成林造林地、苗圃地、森林经营单位辅助生产用地和县级以上人民政府规划的宜林地。

林地分为两级。其中一级分为8类,包括有林地、疏林地、灌木林地、未成林造林地、苗圃地、无立木林地、宜林地、辅助生产林地。其中林地、灌木林地、未成林造林地、无立木林地、宜林地5个一级地类共分13个二级地类。

按照森林分类经营,根据主导功能不同,森林资源可分为生态公益林地和商品林地两大类别。

商品林地是指以生产木材、竹材、薪材、干鲜果品和其他工业原料等为主要经营目的的森林、林木、林地,包括用材林地、薪炭林地和经济林地。

公益林地是指以保护和改善生存环境、维持生态平衡、保存物种资源、科学实验、森林旅游、国土保安等为主要经营目的森林、林木、林地,包括防护林地和特种用途林地。

生态公益林地按事权等级划分为国家级公益林地和地方级公益林地。

国家级公益林地是指生态区位极为重要或生态状况极为脆弱,对国土生态安全、生物多样性保护和经济社会可持续发展具有重要作用,以发挥森林生态和社会服务功能为主要经营目的的重点防护林地和特种用途林地。地方级公益林地指由各级地方人民政府根据国家和地方的有关规定进行划定,并经同级省林业主管部门核查认定的公益林地。

(2)森林生物资源:包括森林、林木以及森林为依托的动物、植物和森林微生物。

1)森林、林木资源:林业上把树冠处于森林上层的全部乔木统称为林木。按照林木的树种组成情况,森林有单纯林和混交林之分。单纯林只有一种树种,混交林是由两个以上树种组成的。由于各种树木本身的生物学特性不一样,从而有常绿、落叶、针叶和阔叶林之分。

森林、林木资源也称为立木资源,是森林资源中最重要的组成部分,是森林资源中产权交易最活跃的部分,也是森林资源资产价格评估最主要的内容。用材林是森林资源中以生产木材为主要目的的部分,在森林资源中面积最大,蓄积量最多。用材林根据其内部结构与经营方式的不同,可分为同龄林与异龄林两大类,其林木资源也分为同龄林林木资源和异龄林林木资源。

2)森林动植物及微生物资源:指森林中和林下依托森林、林木、林地生存的野生动植物、土壤微生物及人工养殖、栽培的动植物资源。

(3)森林环境资源:包括森林景观资源、森林生态资源,由具有生态价值、经济价值、景观价值、服务价值的各种环境要素组成,在科学经营条件下可产生巨大的经济效益。

根据森林资源与社会经济活动的关系来划分,可以把森林资源分为经营性森林资源与非经营性森林资源。

(三)森林资源的价值与价格

从新中国成立到20世纪70年代末期,由于受到传统政治经济学理论的束缚,学术界普遍认为自然资源是无价的,"一个物可以是使用价值而不是价值。在这个物并不是由于劳动而对人有用的情况下就是这样。例如,空气、处女地、天然草地、野生林等。"这里说的野生林是指未被当作财富而不被任何人或单位占有。森林资源主要是自然产生的,因而只有使用价值,而没有价值。这种错误的理解与认识使几十年的林业建设发生了很大的失误,产生了许多不良的后果,诸如产品高价、原料低价、资源无价就是一个最为突出的例子,从而导致了森林资源锐减和不应有的环境破坏。

20世纪70年代末到80年代中期,理论上的错误理解和政策上的失误所带来的恶果严重暴露出来,国内外经济学家、生态学家,甚至包括各国的政治家和社会学家普遍把资源与环境问题提上了议事日程。森林是陆地资源的代表,是自然资源的重要组成部分,不论是我国,还是其他国家或联合国、世界银行等国际组织,在研究资源与环境问题时,都把森林资源摆在一个重要位置。森林是有价值的,虽然原来以计划经济为主的国家和市场经济国家解释各不相同,但观点趋于一致。以计划经济为主的国家认为只有人类劳动参与下的森林资源如人工林才有价值,而原始林则无价值;而市场经济国家则认为只有能进入市场并进行交易的资源才有价值,否则就无价值。

20世纪80年代末以后,中外专家对自然资源价值问题进行的讨论充分肯定了资源与环境是有价值的,特别是进入20世纪90年代,人们逐渐认识到,必须建立与经济发展相协调的自然资源发展战略和管理体制,从根本上转变自然资源业的运行机制,变无偿占有和使用自然资源为有偿占用,变高消耗低产出为低消耗高产出,使自然资源业成为基础产业的"基础产业"。这意味着营林生产成为商品生产的一部分,使得在社会商品价值关系中,营林产品参与商品市场调节,并占据重要的位置,森林资源价格不再完全表现为森林地租的价格,而是有了自身的经济内涵,即人类投入培育森林的社会平均必要劳动。虽然森林资源价值的完全计量还难以实行,但森林资源具有价值得到了广泛的承认。

1.森林资源价值论的理论依据。马克思劳动价值论指出:抽象劳动是价值的唯一源泉。价值量的大小是由社会必要劳动时间决定的。在理解马克思劳动价值论时,要把握以下三点:①劳动是价值的唯一源泉,不需要付出劳动就可以为人类所使用的物质没有价值。但是每一商品的价值都不是由这种商品本身包含的必要劳动时间决定的,而是由它的再生产所需要的社会必要劳动时间决定的;②劳动创造的价值量是以社会必要劳动时间来衡量的,所以一个能充分反映社会需要的经济运行机制,能提高劳动效率,使其得到合理的开发、利用,从而创造出相对更大的价值;③人类在改变物质形态的劳动中,还经常依靠自然力的帮助,因而对自然力的充分利用能节约劳动时间,减少商品的价值。

森林由过去没有价值,到现在有了价值,都可以从马克思的劳动价值论中得到正确而合理的解释,它反映了马克思劳动价值论的历史意义。

在过去,森林资源主要是天然林,且其保有量非常丰富。其再生产也主要是自然再生产(指天然更新过程),不需要人们付出具体劳动就自然存在、自然生成,因而在这一特定历史条件下森林资源无疑没有价值。

当森林资源作为人类生存发展的一种重要物质基础被某一产权主体占有时,它可以作为生产要素进入商品流通,并具有一定的价格,但其价格基础不是价值,而是森林地租,这是一定时期人类社会经济发展水平的反映。

随着社会经济发展，人类对森林资源需求不断增加，单纯依靠自然再生产不能达到森林资源与社会经济协调发展。为了保持经济社会的长期稳定发展，人类必须对森林资源的再生产进行投入，从而使自然再生产与社会再生产结合起来。森林资源中人工林所占的比重不断扩大，天然林采伐后也需要人类劳动的投入促进更新，真正意义上的纯天然林已经非常稀少。因此，依据社会平均必要劳动时间决定价值的劳动价值论，森林资源就有了价值，其价值的大小就是在森林的生产和再生产过程中所投入的社会平均劳动量。因此，在社会经济较发达的今天，森林资源具有价值完全符合劳动价值论的一般原理。

二、森林资源资产

（一）资产及其分类

1.资产的概念与特征。森林资源是不是商品、有没有价值是林业经济学界长期以来讨论的核心问题。对森林资源的价值与价格这一问题的理解与认识在我国经历了一个相当长的历史阶段。有关森林资源价值论的观点主要有两大类：一是建立在西方有关自然资源的财富论、效用论、地租论的基础上的价值论；二是以马克思的劳动价值论为依据形成的森林资源价值论。虽然观点不同，但森林资源具有价值，已经得到广泛的认可。

森林资源资产的分类：①按其形态可划分为林木资产、林地资产、森林景观资产和森林环境资产等；②按经营管理的形式可划分为公益性森林资源资产（如防护林）和经营性森林资源资产（如用材林资产、经济林资产、薪炭林资产和竹林资产等）。

与一般资产相比森林资源资产有自己的特点：森林资源资产是人力和自然力相互作用形成的，并且与林地不可分割；森林资源资产是生物资源，具有可再生性，但如果森林生态环境遭到严重破坏，其再生能力将受到影响，甚至难以再生；森林资源经营周期长，且受人为和自然因素影响大，森林物种的多样性和主体性，使其在经营的周期内要多种经营，以发挥经济、生态、社会多种效益；资产构成既有不动产性质的林地资产，又有存货性质的林木资产、森林景观资产，还兼有无形资产。资产构成的复杂性使得森林呈现多样性,加之地域上存在差异,进而造成了资产计量的困难。森林资源资产的特点使得对森林资源资产的管理应该根据森林资源的资产属性,在加强产权管理的基础上实行森林资源的有偿使用,提高森林资源业自身的造血机能,建立森林资源资产正常运转的机制,为林业跨越式发展奠定坚实的基础。

森林资源资产化管理是将森林资源作为一项资产来管理,就是遵循森林资源的自然规律,按照森林资源生产的实际情况,从资源的开发利用到资源的生产和再生产,都按照经济规律进行投入产出的管理。近些年,我国虽然采取了一系列管理措施,但基本机制并未理顺,掠夺性开发森林资源更多地只是改变了方式,并未得以纠正。因此,我国林业经济运行机制及其造成的后果,明显地说明了我国现行森林资源管理中存在的问题和加强对森林资源资产化的必要性与紧迫性。

资产具有以下三个重要特征。

(1)资产蕴含着可能的未来利益:即资产是一种经济资源,这是资产的本质。在企业经济活动中表现为:①单独使用或与其他资产结合使用;②换取其他资产;③用于偿还负债;④分配给企业所有者。

(2)为某一特定个体所控制:每一项资产总是特定个体的资产。某一个体拥有一种资产,它对其未来经济利益的控制,必须达到能享有资产所生利益的程度,并且能对其他个体享有其利益加以排斥或加以管辖。

(3)资产可以用货币来计量:由这些特征可以看出,资产的可获益性、可控制性、可计量性与已发生性是资产的一些基本特征。资产按其经济性能分为经营性资产、非经营性资产;按其在企业生产过程中的表现可分为固定资产、流动资产、无形资产等。

2.资源与资产的区别。资源与资产是两个不同的范畴。资产,首先必须是一种经济资源,资产与资源分属不同的管理范畴。两者的物质内涵具有一致性,但又有显著的区别,具体体现在以下几方面:①资源揭示财富的物质属性,主要以实物管理和数量管理为基础;资产要揭示财富的经济属性,目标是对资源进行经济补偿或价值实现,以价值管理为核心;②取得的方式不同。资源的取得或者是天然形成的,或者是人的劳动与自然环境共同作用形成的。而资产的形成可以有三种渠道：一是由人们认定的渠道，将一些资源作为资产；二是由人们通过自身劳动创造的；三是由买卖、租赁等产权交易实现的；③作为资产的资源，具有法律上的独立性，资产总是个体者的资产，主体对其具有控制权；④计量单位不同。资产应能够以货币计量，而资源主要以实物单位计量；⑤资产的形成与人们认知程度和经济活动有关，资源在人们获得能够取得未来经济利益的现实能力后才构成资产，人们能够驾驭和享有资产的未来收益。资源往往以一定的技术条件为前提，通过对自然发掘而产生；⑥根据资产的获益性，自然资源中那些没有经济利用价值的部分或者在当今知识与技术条件下尚不能确定其有经济利用价值的部分不能成为资产。

因此，在没有依法认定以前的自然资源，尚未达到可利用状态的自然资源，完全没有经济利用价值的自然资源，在现有技术条件下不可计量的其他自然资源都不构成资产。

(二)森林资源资产

森林资源资产是指在现在的认识和科学水平条件下，通过进行合理的经营利用，能给其产权主体带来一定经济利益的森林资源。

1.森林资源资产的定义。具有森林生态系统的物质结构，以森林资源物质基础为内涵的财产，称为森林资源资产。该定义有如下几层意义：森林资产是财产，构不成财产的森林资源不划为森林资产；它的物质基础是森林资源，是建立在森林生态系统的物质结构之上；产权归属不明确的、不能作为生产要素投入经济运营的森林资源，不是森林资产。

2.森林资源资产的性质。森林资源资产既有一般资产的共性，又有它本身的特性。分析与研究森林资源资产的某些属性，有利于用科学发展观来指导林业经营。在某种意义上，森林资源资产价格评估的结论只能是一种判断性意见，通常是建立在以技术上的可能性、经济上的合理性而进行充分分析的基础之上，它会随各种因素的变化而变化，这构成了森林资源资产价格评估的特殊性质。森林资产的特性有以下几点。

(1)经营的持久性：森林资源资产在没有受到自然灾害和人为破坏时，在科学、合理的经营下，不发生折旧问题，而且每年都可出售部分资产(林产品),其森林资源资产总量保持不变,或略有增长,长期持久地实现其保值增值的目的。

(2)再生的长期性:根据森林生长发育的规律,它的产品很长时间后才能出售,投入森林资源资产经营的资金,少则数年,多则数十年、上百年才能回收,因为一块林地造上林木,要到数十年后,林木成熟并进行采伐时,才能将其资金收回。

(3)结构的综合性:其物质结构不是单一的,而是由多种物质构成的多种财产的综合体,既有不动产性质的林地资产(类似固定资产),又有存货性质的林木资产(类似流动资产),森林景观资产兼有无形资产的性质。

(4)形态的复杂性:没有固定的形态,林地、林木、野生动植物形态各异,千奇百怪。

(5)分布的地域性:不同地域的森林资产在结构与功效上差异较大,不可比。如南方的热带雨林与北方寒温带森林、山地森林与沙区森林之间差异甚大。

(6)生产的定位性:森林资产的产生与经营离不开林地这一不动产,严格的定位与林地管理方法密切相关。

(7)功能的多样性:森林资源资产的某些成分,除了有价值可以交换的商品属性外,还有难以度量的生态公益效能,这些效能通常自动外溢,受益者不需要付费,即可得益。为此,造成森林资源资产的评估价值偏低。

(8)管理的艰巨性:森林资产漫山遍野遍布在广阔的林地上,既不能仓储,又难以封闭,导致易流失,经营必须引入风险机制。森林的多样性和地域上的差异,又构成了资产计量上的困难。

3.森林资源资产的构成。森林资源资产的多少及价值高低与森林资源的丰富程度关系密切,但两者不一定成正比。森林资源丰富并不等于森林资产雄厚。森林资产的物质载体是森林资源,森林资源是综合性的、立体的复合资源。根据森林资源内部物质结构的层次性,可把森林资源资产分为几个构成部分。

(1)林地资产:凡经县级以上人民政府明令划归林业单位经营管理的林业用地,包括有林地、疏林地、宜林地和已经为林业经济活动所占用的土地

（如林业建筑、林区道路），均可转化为林地资产。

（2）林木资产：凡具有森林资产属性的活立木称为林木资产。在一般情况下，林木资产是森林资源资产的主体部分。林木不能脱离林地而存在，严格地说，林地资产的数量是相对稳定不变的，而林木资产在科学管理的条件下随时间延续而增值。

（3）林内野生动植物资产：人工培育的林区的动植物应是经营者的资产。未经投入而出现的林区野生动植物也是森林资产的组成部分，它是森林生态系统的衍生物，科学合理经营可变成有价的商品。有些野生动植物的经济价值尚未被认识和发现，但不等于它们没有价值。随着科技进步与创新，其资产价值终将被发掘出来。

（4）森林环境资产：林内由山、水、土、石、花草、树木、风光、景观等组成的森林环境，在保健、旅游、休闲、观赏等方面具有较高的经济价值。当这些环境资源由国家授权给某法人单位进行实际控制并经营时，它就成为森林资产的一部分。森林风景名胜区、森林公园、森林旅游业的经营对象均为森林环境资产。

三、森林资源和林业管理的理论基础

森林资源和林业管理的理论基础主要是可持续发展理论。可持续发展战略作为一个全新的理论体系，正在逐步形成和完善，其内涵与特征也引起了全球范围的广泛关注和探讨。各个学科从各自的角度对可持续发展进行了不同的阐述，至今尚未形成比较一致的定义和公认的理论模式。尽管如此，其基本含义和思想内涵却是一致的。

20世纪80年代以前，我国森林资源的权属主要有国有林和集体林。20世纪80年代以后，又出现了新的所有制形式，例如，私有林、股份制所有林等。新增所有制形式的森林资源发展很快，所占比重逐渐上升。我国森林资源的所有权属性和所有权结构发生了变化。森林资源作为一种自然资源，《中华人民共和国森林法实施细则》规定，森林资源，包括森林、林木、林地以及依托森林、林木、林地生存的野生动物、植物和微生物。森林资源的内涵极为丰富，但森林资源权属存在不完全性。这种不完全性主要表现在

以下几方面：①林木与林地的割裂。依据我国有关法律规定，林地只能为国家或集体所有，公民个人不享有林地的所有权，林木则可以是国家、集体和公民个人所有，林地、林木所有权的不一致性，在实际中容易造成错位，公民个人的林木所有权得不到充分保护；②林木的所有权受到限制。所有权包括占有权、使用权、收益权和处分权，其核心是处分权；③森林资源的内涵丰富，但林区内的野生草本植物和动物等权属不明，不利于森林资源的保护与利用。

森林资源管理的行政许可制度实践证明，我国林业以木材生产为中心，重采轻育的传统体制和理念，使采育比例失调，森林资源大幅度减少，是我国生态环境遭受严重破坏的重要原因之一。随着我国社会主义市场经济体制的建立和发展，森林资源在林业经济的发展中成为最根本的基础性资源，它的优劣直接激励或制约着我国林业的发展。因此，对森林资源实行资产化管理是十分必要的。在落实森林资源资产产权的前提下，实行森林资源资产价值量与实物量的综合管理，实现森林资源资产的价值补偿，构建科学的管理模式，是使森林资源资产走上良性循环、持续发展的道路，促进我国林业经济快速、健康、协调发展的关键。在森林资源的外部性导致"市场失灵"的情况下，有效的政府管制是必不可少的。一般情况下，管制被定义为："政府通过法律的威慑来限制个体和组织的自由选择。"政府的管制是行政权力的行使，政府的主要权力是强制权，管制则是这种权力的体现，其目的在于限制经济行为人的决策。政府通过制定各种规则限制被管制者，若被管制者违反规定应承担责任。政府管制有经济性管制、社会性管制和反托拉斯管制。对森林资源和林业而言，政府的管制主要是经济性管制、社会性管制。

四、森林资源和林业的社会性管制

社会性管制的定义是："以保障劳动者和消费者的安全、健康、卫生以及环境保护和防止灾害为目的，对物品、服务的质量和伴随着提供它们而产生的各种活动制定一定标准，并禁止、限制特定行为的管制。"目前对以森林资源为原料的林产品工业来说，政府管制主要是采取社会性管制。

（一）加强森林认证

林产品生产受森林资源影响大,资源是影响林产品市场竞争力的关键因素,在新的竞争条件下,木材资源占有量与林产品贸易的竞争优势成正比,资源的优势决定新的赢家。如果出现森林危机,其后果不堪设想。因此保证林产品贸易和森林资源的可持续发展是关键,世界各国都在寻求有效途径。森林认证是一种为解决世界森林问题,实现森林的可持续经营而提出的一种市场手段,是通过独立的第三方对某一森林经营单位或区域的森林进行可持续经营的总体评价,以验证该单位或区域的森林经营是否符合可持续发展原则与标准的要求,并签发证书的过程。近年来,研究和制定森林可持续经营标准和指标体系已经成为国际社会一致努力的行动。在一些非政府组织的努力下,森林可持续经营的通用原则进一步细化为可以测量的标准,可采取自愿的原则或通过市场化机制开展森林认证工作。实际上,森林认证是由非政府组织和民间组织在认识到政府法规在改善森林经营失败、国际政府组织解决森林问题不力,以及林产品贸易不能证明其产品来自何种森林之后,作为促进森林可持续经营的一种机制,它是在20世纪90年代提出并逐步兴起和发展起来的。或者说,森林可持续经营认证是伴随着人们为消费性产品加入"生态标签"应运而生的。环境意识比较强的"绿色消费者"希望确定他们所购买的木材产品来自可持续经营的森林,其生产、加工、销售的全部过程符合可持续发展的原则,这是认证影响力逐渐扩大的主要动力。开展森林认证,为企业提供了加强经营管理的机会。企业具有良好的森林经营体系是开展森林认证的首要条件。企业根据开展认证的要求,引进先进的管理体系和经营体系,从而提高企业的生产效率,进一步改善企业的经营管理状况。专家估计,如果我国目前1亿的产木材生产林都采用良好的森林经营机制,平均蓄积量有望从现在的92立方米/公顷提高到115～120立方米/公顷,加上3%的年增长量,我国将有能力满足目前的木材需求量。这对当前我国保护森林资源、保护生物多样性、实现木材的供需平衡具有重要意义。森林认证还将是中国企业开拓市场的有效工具之一。

目前,无论是在国际还是国内市场,消费者的环境意识在不断提高,绿色消费已成为一种时尚,体现着消费者的文明与素养,也标志着高品质的生活质量。无论从森林经营、林产品贸易方面，还是从环境和社会方面，开展森林认证对解决我国目前林业存在的问题，以及保护森林资源、实现林业的可持续发展，都具有非常重要的现实意义。目前我国政府表明，一方面愿意与外国政府和绿色组织合作，努力阻止非法木材及木材产品的交易。2002年12月，中国和印度尼西亚签署了一项初步协议，旨在禁止非法木材的交易。另一方面，中国也正在和国际社会共同努力，建立森林认证体系，通过认证建立可持续的林业发展机制。森林认证的目的是向消费者传递有关生产木材是否来自可持续经营的森林的信息。总之，森林认证有助于推动木材生产与贸易健康有序的发展，从而使森林得到可持续的经营。森林认证使我国森林经营及林产工业的发展更好地与国际接轨，解决我国林产品在国际市场的"准入"问题，化解有的国家将森林认证作为WTO下一种非关税贸易壁垒措施对中国林业的冲击，同时也是为了更有效地保护和使用我国宝贵的森林资源。加快推进我国森林认证工作，完善我国森林可持续经营标准的指标体系势在必行。

(二)碳排放许可证制度

颁发碳排放许可证是一种政府行政管理行为，它是环境行政许可的法律化，是环境管理机关进行环境保护监督管理的重要手段。这种制度的实施可以将工厂的碳排放量严格控制在国家规定以内，并根据客观情况的变化和需要，对持证人规定限制条件和特殊要求，便于对持证人实行有效的行政监督和管理，因而在环境保护中被广泛采用。在一些国家，政府把环境法分为预防法和规章法两大类，许可证制度是规章法的重要组成部分，被视为污染控制法的支柱。碳排放许可证交易为政府提高环境治理效率提供了一条途径。

随着《联合国气候变化框架公约》得到国际社会的广泛认可，森林作为陆地碳吸收的主体受到越来越多的关注。2001年《波恩政治协议》和《马拉喀什协定》已同意将造林、再造林项目作为第一承诺期合格的清洁发展机制项目，这意味着发达国家可以通过在发展中国家实施林业碳汇项目抵消其部分温室气体排放量。在我国开展林业碳汇项目潜力巨大，只要项目设计合理，将不仅能为中国林业建设筹集大量国际资金，还将促进项目区及周边地区的林业和社会经济可持续发展。另有研究表明,中国森林 1990 年吸收的二氧化碳,折合成碳含量计算,为 6600 万~8800 万吨,而当年的工业碳排放量为 57600 万吨,森林吸收的碳可以抵消工业排放的碳总量的 11%~15%,已高于承诺期平均减排义务 5% 的目标。因此,在我国开展一定数量的林业碳汇项目在短时期内不会降低我国未来可利用的碳汇潜力。另外,应建立国内的碳排放许可证交易市场,对国内排放二氧化碳超标的单位进行赔偿付费以促使我国改善能源结构,提高能源利用效率。

第二节 现代森林资源的经营体系

经营管理体系建设包括建立森林资源可持续经营管理与政策保障体系、与林业分类经营管理体制相适应的管理制度、可持续经营科研体系、森林可持续经营规划体系、新型营林体系、示范林与森林多种资源的合理开发利用制度;监测评价体系建设包括建立可持续经营指标体系、森林与生态监测体系,还要建立和完善森林经营管理信息系统。

传统的森林资源管理是以永续、均衡收获单一木材为中心目标的法正林理论和技术体系,基本上不涉及对其他森林功能和产品的收获、利用,更不考虑社会因素对森林资源管理的影响。经过世界各国近两百年的实践证明,法正林思想并不能实现森林资源的健康发展,甚至还导致了许多森林生态系统的退化。

森林永续利用理论。"森林永续利用理论"的鼻祖是德国,是当时各国传统林业的理论基础。17 世纪中期,德国因制盐、矿冶、玻璃、造船业等工业的发展,对木材的需求量猛增,开始大规模采伐森林。德国虽有严厉的森林条例,但是工业发展对森林的破坏远远超过了数千年农业文明对森林的破坏程度,不论是君主林还是私有林、公有林都出现了过伐。任何森林法规都不能遏制这场破坏,这一时期就是森林利用史上所谓的"采运阶段"。这种对经济利益的追求,给森林带来了前所未有的灾难性破坏,从而导致了 18 世纪初的震动全国的"木材危机"。"木材危机"使人们认识到森林资源也不是取之不尽用之不竭的,只有在大力培育的基础上适度开发利用,才能使森林资源持续地为人类发展服务。由于危机的出现,促使林业工作者对过去的森林经营理念和林业发展的自然规律进行了反思和探索。1713年,德国森林永续利用理论的创始人汉里希·冯·卡洛维茨首先提出了森林永续利用原则,提出了人工造林思想。他指出:"努力组织营造和保持能被持续地、不断地、永续地利用的森林,是一项必不可少的事业,没有它,国家不能维持国计民生,因为忽视了这项工作就会带来危害,使人类陷入贫困和匮乏。"他还提出了"顺应自然"的思想,指出了造林树种的立地要求。此后,整个德国掀起了一场恢复森林的运动。卡洛维茨也因此被德国人奉为"森林永续利用理论"的创始人。这一理论的出现也为近代林业的兴起与发展拉开了序幕。

永续利用最基本的含义是连续、均衡的木材产出。它反对把森林当成采掘性资源。所谓森林永续利用原则,就是森林经营管理应该调节森林采伐,使世世代代从森林中得到好处,至少有我们这一代这样多。这种森林经营理念已经突破了盲目开发森林资源的误区,永续的目的是追求最高木材产量的持续性和稳定性。

1795年,德国林学家哈尔蒂希提出:"每个明智的林业领导人必须不失时机地对森林进行估价,尽可能合理地利用森林,使后人至少也能得到像当代人所得到的同样多的利益。从国家森林所采伐的木材,不能多于也不能少于良好经营条件下永续经营所能提供的数量。"他的理论中所包含的森林永续经营思想,一直被后人高度评价。1819年,德国森林经济学家洪德斯哈根出版《林业科学方法和概念》。1826年,洪德斯哈根在总结前人经验的基础上,在其《森林调查》中,创立了"法正林"学说,基本要求是在一个作业级内,每一林分都符合标准林分要求,要有最高的木材生长量,同时不同年龄的林分,应各占相等的面积和一定的排列顺序,要求永远不断地从森林取得等量的木材。洪德斯哈根主张应以此作为衡量森林经营水平的标准尺度。这标志着森林永续经营理论的形成。所谓法正林就是理想的森林,或标准的森林。法正林亦译"标准林""模式林""正规林",指实现永续利用的一种古典理想森林。这种森林需要各个部分都达到和保持着完美的程度,能完全和连续地满足经营目的。1841年,海耶尔对这个学说做了进一步的补充。

19世纪末20世纪初,瓦格涅尔再次做了补充,提出了法正林的条件和实现永续生产的模式标准。根据这一模式制定的施业案,成为林业先进国家经营林业的重要参考。

法正林学说的基本要求是:在一个作业级内的森林,必须具备幼龄林、中龄林、成熟林三种,并且三种林的面积应该相等,地域配置要合理,符合林学技术要求,具备最高的生长量,使作业级内保持一定的蓄积量,实现森林的永续经营利用。法正林概念由德国林学家提出并广泛应用于生产实践,在德国森林经营学科技和生产领域中主导了100多年。法正林是森林实现永续利用的一种理想状态。但现实林往往是各式各样的,很少像法正林模式那样分布,它在导向法正状态过程中要等待几十年,特别是树种、龄级比较复杂的天然林,为了形成龄级阶梯,过度采伐旺盛的中龄林和近熟林,使生长缓慢的成、过熟林保留下来,这种情况是不正常的。尽管如此,法正林学说对森林永续利用是有价值的,年采伐量等于年生长量就能实现永续利用这个原理,对世界各国都有现实意义。法正林学说经过补充和发展,成为森林永续和均衡利用的经典理论。森林永续利用理论成为欧美国家100多年来实施经营同龄林和追求森林资源永续利用的理想森林结构模式,对各国林业的发展产生了巨大的影响。可见,这一时期理论的主要特点是强调为了满足工业日益增长的木材需要而进行的森林资源单纯经济效益利用。保持森林的永不灭绝,是人类的希望,可以满足人类经济与生存两方面的需求,"法正林"的贡献正在于此。

1954年美国K.P.Davis提出"完全调整林"经营思想,扩展森林经营思想:在保持林龄结构不变的条件下,定期收获质量、数量大体一致的木材,以便在现实林中近似地进行法正林方法的经营。1961年日本铃木太七论证并提出了"广义法正林"理论,针对一大片森林提出按减少率采伐。永续利用是人类科学、合理经营森林资源理念的起点。以木材永续利用为目的的法正林思想的诞生,表明人类具有恢复森林的能力,人工林的营造和经营使人类不再纯粹依靠原始森林获得木材,缓解了当时的木材供需矛盾。但是,以追求经济利益为主的木材永续利用,导致大批同龄针叶纯林的出现,造成地力严重衰退,破坏了森林的生态结构,这是目前造成生态危机的根源。从理论核心来看,法正林理论是森林永续利用理论的核心。100多年来,虽然人们对这一理论进行了各种各样的改造,但法正林理论的三个基本假设前提条件却是这一理论本身所固有的,即:一是森林的孤立性与封闭性;二是林木生长的确定性;三是人的完全理性化。

森林永续利用理论的最大贡献就是认识到森林资源并非取之不尽、用之不竭的,只有在培育的基础上进行适度开发利用,才能使森林持久地为人类的发展服务。实现森林资源的永续利用始终是林业发展的最终目标,但是,永续利用强调单一商品或价值的生产,以单一的木材生产和木材产品的最大产出为中心,把森林生态系统的其他产品和服务放在从属的位置,其目的是通过对森林资源的经营管理,源源不断地、均衡地向社会提供木材和其他林副产品。这一理论主要考虑到的是森林蓄积的永续利用,以木材经营为中心,忽视了森林的其他功能、森林的稳定性和真正的可持续经营。

森林多功能理论。1811年,德国林学家科塔早就将"木材培育"延伸为"森林建设",将森林永续利用的解释扩大到森林能满足人类更多的需求,主张营造混交林,但是并未引起重视。1833年,德国科学家科尔也曾批评针叶纯林造林运动,他指出:"近年来由于灾害或目光短浅等原因,德国一直把健康和永续的阔叶林变为针叶林,这与大规模开发森林一样,至少使森林失去了应有的特征。"在1849年德国浮士德曼的土地纯收益理论引导下,1867年,奥拓·冯·哈根提出了著名的"森林多效益永续经营理论",认为林业经营应兼顾持久满足木材和其他林产品的需求,以及森林在其他方面的服务目标。哈根指出:"不主张国有林在计算利息的情况下获得最高的土地纯收益,国有林不能逃避对公众利益应尽的义务,而且必须兼顾持久地满足对木材和其他产品的需要以及森林在其他方面的服务目标……管理局有义务把国有林作为一项全民族的世袭财产来对待,使其能为当代人提供尽可能多的成果,以满足林产品和森林防护效益的需要,同时又足以保证将来也能提供至少是相同的甚至更多的成果。"进入19世纪70年代,美国林业经济学家克劳森和塞乔博士等人提出森林多效益主导利用的经营指导思想,向森林永续经营理论提出新的挑战。他们认为,"永续收获"思想是发挥森林最佳经济效益的枷锁,大大限制了森林生物学的潜力。塞乔等人对未来世界森林经营格局的看法，与欧洲一些林学家大相径庭。他们认为，全球森林应朝着各种功能不同的专用森林——森林多效益主导利用方向发展，而不是走向森林三大效益一体化。如澳大利亚、新西兰、智利、南非等国家，在森林多效益主导利用的经营体制下，一端是提供环境和游憩的自然保护森林；另一端是集约经营的工业人工林，但该理论又被"新林业"理论所代替。1888年波尔格瓦创立"森林纯收益理论"，指出应该争取的是森林总体的最高收益，而不是林分的最高收益。1898年德国林学家盖耶尔针对大面积同龄纯林的病虫危害、地力衰退、生长力下降及其他严重危害，提出评价异龄林持续性的法正异龄林——纯粹自然主义的恒续林经营思想。瑞士H.Biolley把它付诸异龄林持续性的评价活动中，并在实践中创造了森林经理检查法。1905年，恩德雷斯在《林业政策》中又提出了"森林的福利效应"理论，即森林对气候、水分、土壤和防止自然灾害的影响，以及在卫生和伦理方面对人类健康的福利效益，进一步发展了森林多效益永续经营理论，在第二次世界大战前对世界各国林业经营指导思想产生了重大影响。1922年莫勒提出恒续林经营法则，要使森林所有成分（乔木、鸟类、哺乳动物、昆虫、微生物等）均处于均衡状态，营造复层混交林，用低强度择伐取代皆伐，在针叶纯林中引种阔叶树和下木。1933年，在德国正准备实施的《帝国森林法》中明确规定：永续地、有计划地经营森林，既以生产最大量的用材为目的，又必须保持和提高森林的生产能力；经营森林尽可能地考虑森林的美观、景观特点和保护野生动物；必须划定休憩林和防护林。也就是强调要使林业木材生产、自然保护和游憩三大效益一体化经营。后来因第二次世界大战爆发，此法案未能颁布实施，但对以后的影响是深远的。德国Dieterich曾经说："对古典的森林永续概念及其问题做详细研究后，可以看到多效用林业不仅关系到数量，而且关系到品种和质量；不仅关系到木材的产量和产值，而且关系到费用和收益；不仅有区别，而且有不同方向的延伸。这样，持续性不再仅仅关系到作为主要利用的木材，而且关系到林副产品，最后还涉及森林的多种效用。"

第二次世界大战后，由于林业单纯追求经济利益和战争对经济的影响，造成了大面积森林的毁害，导致国家必须扶持林业，经营明显向总体效益转化，并由此产生了"林业政策效益理论"。这一理论是由德国林业政策学家第坦利希于1953年提出的,认为国家必须扶持林业,木材生产和社会效益是林业的双重目标。第坦利希系统阐述了森林与社会其他方面的关系,提出了林业应服务于整个国民经济和社会福利的理论,林业研究应重视森林与人类的复杂关系,森林的作用不只是物质利益,更应重视它对伦理、精神、心理的价值。20世纪60年代以后,德国开始推行"森林多功能理论",这一理论逐渐被美国、瑞典、奥地利、日本、印度等许多国家接受推行。1960年,美国颁布了《森林多种利用及永续生产条例》,利用森林多功能理论和森林永续利用原则实行森林多效益综合经营,标志着美国的森林经营思想由生产木材为主的传统森林经营走向经济、生态、社会多效益利用的现代森林经营。1975年,德国公布的《联邦保护和发展森林法》确立了森林多效益永续利用的原则,正式制定了森林经济、生态和社会三大效益一体化的林业发展战略。Plochmann则把森林多种效益意义上的永续性扩大为"森林系统效益"的永续性。他认为:"永续性的出发点不应该是各种林产品的产量的持续性和稳定性,而应该是保持作为能发挥多种效用的森林生态系统的稳定性。"Gartaner强调:"森林资源的持续性,不仅是自然科学的标志,而且是一种评价尺度。它是人类与森林生态系统打交道的行为准则。长期保持森林生态系统的多种效用以满足当代人和后代人的经济、社会和文化的需要。"

森林多功能理论是人类全面认识森林的产物,是从木材均衡收获的永续利用到多种资源、多种效益永续利用的转变。森林多功能理论强调林业三大效益一体化经营,强调生产、生物、景观和人文的多样性。原则上实行长伐期和择伐作业,人工林天然化经营。森林多功能理论的最大贡献就是承认非木材林产品和森林的自然保护与游憩价值绝不亚于木材产品的价值,而且随着社会需求的变化,后者对于人类的价值会日益增加并上升到主导地位。必须通过多目标经营,形成合理的森林资源结构和林业经济结构,最大限度地利用森林的多种功能造福于人类。

目前,各国已积累了森林资源管理和开发利用的大量经验、教训,其中比较成功并得到国际社会认可的理论和技术主要有:森林近自然经营、森林生态系统管理、最佳森林经营实践等。

森林近自然经营是以德国、法国和奥地利为主的中欧国家提出并实施的可持续多功能森林经理模式,总体上包括了善待森林的认识论基础;从整体出发观察森林,视其为永续的、多功能并存的生态系统多功能经营思想;把生态与经济要求结合起来培育近自然森林的具体目标;在尊重生物合理性、利用自然自动力和促进森林反应能力等原则指导下的抚育性森林经营利用的核心技术等。

森林生态系统管理是由美国提出的,是以森林动态管理(或称为适应性管理)为核心的理论,虽然尚无成熟的技术体系,但它对森林经营观念的影响深远,全球环境基金(GEF)在此基础上考虑跨部门合作而提出了综合生态系统管理的理念。

最佳森林经营实践是联合国粮农组织(FAO)等一些国际组织提出的模式,实际上是根据现有的社会经济和技术条件所采取的最逼近森林可持续经营目标的过渡性行动,包括如何以最短的时间、最快的速度、最佳的经营措施达到森林经营的目的并实现森林最佳结构,它在亚洲和美国的影响较大。此外,森林认证作为一种促进森林可持续经营的市场机制,在许多国家得到重视和发展。

在我国,在森林分类经营、森林近自然经营、森林可持续经营、森林生态系统管理、森林认证等领域虽然积累了许多经验,但距离实际需要仍相差甚远。最佳森林经营实践也许是现阶段我国森林资源管理的最好选择。我国实行的是二元分类森林经营制度,即公益林和商品林,没设立多功能林,通过近些年的发展,出现了生态公益林。但是由于缺乏经营措施,森林存在着林下可燃物堆积量大、林地生产力下降等问题。建议我国借鉴国外经验,探索并开展多功能森林经营,以充分发挥森林的多重效益。多功能森林经营的发展符合时代需求。当前,全球对森林多种功能的需求在增加,过去的20年间,原木的产量增加了约25%,能源危机促使林业生物质能源需求增加,粮食安全问题导致木本粮油需求增加,气候变化问题引发了森林固碳的需求,人们闲暇时间的增加催生了对森林旅游的需求,大气污染、水资源短缺、热岛效应、噪声污染、垃圾不合理排放、光污染等引发了对森林改善生态的需求。在有限的森林面积内满足更多需求,需要提高单位面积森林的功能效率,使一片林地能生产更多的产品、提供更高的服务价值。因此,森林的多功能经营将成为一种重要的经营方式。中国经济的发展和林业地位的提升,对森林的多种功能提出了新的要求;同时,中国尚有大片可以进行多功能经营的林地,这意味着在未来一个阶段,多功能森林经营将成为林业管理者、森林经营者、研究人员共同面临的热点问题。根据国际形势和经验,我国开展多功能森林经营,需要根据我国的社会、经济、生态、文化、技术特点,走一条具有中国特色的多功能森林之路。

一、森林资源经营体系的建立

"十二五"时期要加快转变林业发展方式,以国家、省、县三级林地保护利用规划为基础,把经营管理好现有森林资源放在首位,更加注重林地保有量,着力提高森林的质量、功能和效益,更加注重改革阻碍林业可持续发展的体制机制,激发林区活力和改善林区民生。

对于占全国林地总面积60%的集体林,要实施以家庭承包经营为主的基本经营制度,将林地的承包经营权和林木的所有权落实到户;对于国有林场,要划分商品型、公益型进行分类经营,采取不同的森林资源管理方式,彻底改变"不事不企、不工不农、不城不乡"的状况;要重点做好"两剥离、一确立"(即剥离林业部门办社会职能,剥离由市场配置资源的木材加工第二产业,切实减轻负担,真正确立森林资源的经营管护主体),彻底改变"人吃林子"的现象。

针对目前森林经营主体多元化的新情况要进一步深化采伐管理改革,指导林农编制和实施好森林经营方案。建立健全森林资源流转和评估制度,规范林权流转行为,维护林农合法权益;完善社会化服务体系,扶持林业专业合作经济组织,实现规模化、市场化经营,引导森林资源逐步走上资本化、价值化途径,实现兴林富民。

森林经营体系是将森林自然分类系统和森林经营分类系统结合起来,采取适宜的森林经营方法,分级分类组织科学的森林经营系统。森林经营体系可按"经营区—林种(一级或二级)—森林经营单位"分级组织。森林经营单位是基本的规划设计单位,龄级法以森林经营类型作为森林经营单位,小班经营法以经营小班作为森林经营单位。龄级法按经营类型进行设计,有许多优点:规划设计的工作量大为减少,而且这种经营方式已基本上能满足森林定向培育、集约经营的需要,便于森林组织定量化决策。因此,目前世界各国经营林业大多采用这种方法。龄级法经营在我国林业中仍占主要地位。

组织森林经营类型是龄级法的核心,森林经营类型的组织随着林业形势与任务的发展而演进。我国现阶段不仅森林经营类型少,而且由于没有认识到森林经营类型在编制森林经营方案和营林生产中的关键、重要作用,对森林经营类型的研究有些滞后和不够深入。森林多资源永续利用时代,森林经营类型组织应以两大体系建设为主题,以两个根本性转变为导向,以林业科技创新为依托,改革和完善森林经营模式,使森林经营能够满足人类对森林多效益需求结构的需要,使效益林业能提高生产效率并能应对林产品市场需求结构变化的风险。

二、森林资源经营体系的优化决策

以龄级法为基础的森林经营体系优化决策可通过森林经营类型优化设计、森林经营类型优化组合、用材林森林经营类型年龄结构优化等优化过程实现。

三、森林资源经营类型优化设计

森林经营类型设计即根据经营范围内各小班的立地条件、位置交通条件、林分因子(如树种、起源等)、经营目的等因素合理确定森林经营类型,科学制定各森林经营类型的作业法。制定的各森林经营类型的作业法要求科学、系统、规范。一个森林经营类型即为一个育林模式,有明确的功能目标、材种(或产品)目标、质量目标、产量目标、林分结构目标,运用植被演潜、树种选择、密度控制、土壤管理、投入产出边际分析等方法,提高科技含量,优化设计一套营林技术措施体系,达到林学技术上先进、经济上合算、应用时可行的效果。

四、森林资源经营类型优化组合

森林经营类型结构是经营范围内各经营类型的林地面积的数量或百分比。由于林业经营范围的辽阔性、生产任务的多样性,经营类型结构优化非常必要。为达到森林经营类型优化的目的需做出森林经营类型结构优化决策,包括森林经营类型目标结构确定、森林经营类型现状结构调整,目的是提高经营范围内林地资源配置的合理性和林地资源的利用效率,提高并协调森林三大效益。林业生产周期具有长期性,森林经营类型现状结构是由以前森林经营活动形成的。由于当时森林经营思想的局限性、对森林功能的公众需求和林产品的市场需求发展趋势认识偏差等原因,以前不合理的森林经营决策和林业生产活动造成森林经营类型现状结构往往不合理,经营范围内林地资源配置往往不理想,例如,片面发展杉木用材林、盲目改造阔叶次生林等林业生产活动,形成生产一般性用材的森林经营类型面积偏大,而生产速生优质珍贵大径材的森林经营类型和生态公益质量高的森林经营类型面积偏小,供给与需求错位,不能有效地发挥森林三大效益。森林经营类型目标结构是符合未来需求结构的发展趋势,充分利用当地林地资源的森林经营类型结构,各种森林经营类型面积分布呈相对理想和优化状态,此时经营范围内林地资源配置合理。森林经营类型目标结构的确定需科学决策,可采用专家咨询、线性规划、目标规划等方法做出。森林经营类型目标结构不是一成不变的,目标结构的确定不是一劳永逸的,需审时度势、根据森林需求结构的变化进行修订。森林经营类型结构调整是将经营类型现状结构逐步调整到目标结构,通过造林更新、林分改造、抚育间伐等措施发展需要的森林经营类型、减少过多的森林经营类型。在森林经营类型结构调整和优化过程中,林种、树种、材种等森林结构同时得到调整和优化,所以森林经营类型优化组合能达到提高林地资源有效产出率、提高森林三大效益的效果。

五、森林资源经营类型龄级(径级)结构优化

用材林类各森林经营类型内部的龄级结构调整是传统森林经理学的主要内容。收获调整法以森林经营单位(即经营类型、作业级)为对象,把森林采伐作为调整作业级内年龄结构达到理想状态的重要措施,实现木材均衡生产、永续利用。同龄林森林经营类型年龄结构以龄级面积分布表示,法正林、完全调整林是模式结构。择伐林森林经营类型年龄结构以株数分布表

示,反"J"形曲线是模式结构。通过合理采伐量分析论证,经若干调整分期的采伐收获,将经营类型的现实年龄结构调整到理想年龄结构。

森林资源经营体系是森林经理理论和营林生产实践中的重要课题。以森林经营类型为基本单位的龄级法森林经营体系占有主要地位,研究并实施科学的森林经营体系将提高森林经营水平,并取得良好效果。实施经优化设计的森林经营类型将有效地克服培育定向化程度低、作业法单一化和简单化、森林经营方法不明确等森林经营中存在的问题。通过森林经营类型的优化组合、森林年龄结构优化,林种、树种等各种森林结构将得到逐步调整和优化,林地资源配置将逐步合理化,从而森林功能将满足社会需求和结构变化的要求。现代森林经营决策就是采用定量的优化决策方法,在经营范围内,构造并求解森林生长经营模型,优化经营措施,在森林经营过程中同步调整并优化各种森林结构。

六、森林资源经营的思路

1.提高认识、统一思想、加强领导。要认真贯彻落实国家对森林经营工作提出的各项要求和意见,将森林经营工作纳入重要议事日程,主要领导亲自抓,主管领导具体抓,结合本单位实际认真研究落实森林经营的各项措施。将森林经营工作开展得好坏,森林培育质量提高的快慢作为重要政绩指标纳入考核范围。要加快森林培育速度,调整树种组成进度,加大森林培育工作管理力度,着力推进森林经营工作,使森林经营工作又好又快地开展。

2.树立正确的森林经营理念,全面做好森林经营工作,提升森林质量。森林经营工作要以科学发展观为指导,以森林可持续经营理论为依据,以培育健康、稳定、高效的森林生态系统为目标。必须树立森林需要经营,森林必须培育的经营理念。采取因林制宜、综合治理、全面培育的经营措施。要建立责任落实、依法管理的经营机制,建立健全各项规章制度,严格执行森林采伐更新技术规程的规定,严格按照森林经营方案、森林采伐更新调查设计进行操作和施工。各地要把正确的森林经营理念、森林经营思想落实到森林经营方案编制中,落实到森林采伐更新调查设计中,落实到实际工作中。通过科学合理的经营培育,不断优化森林资源结构,不断提高森林资源质量,增强森林的整体功能,实现林业的可持续发展。

3.认真做好森林经营方案和调查设计编制工作,夯实基础。高度重视森林经营方案的编制工作,认真做好总结,分析经理期森林经营方案的执行情况,资源的消长变化情况,资源培育情况等。要认真做好下个经理期森林经营方案编制的资源调查,经营培育规划,小班经营措施落实等各项工作。要按国家的要求,以森林可持续经营为准则,紧密结合本地实际特点,编制具有科学性、前瞻性和实用性的森林经营方案,严格做好森林采伐更新调查设计的编制工作。

4.加强伐区作业质量管理,积极利用林木采伐剩余物,为林木生长创造良好的环境。要加强伐区作业管理,现场工人、技术员、主管领导要跟班作业,跟班指导,要严格按照技术规程要求作业,按设计施工,按挂号木采伐。做到采一号清一号,验收一号开一号。主要领导要经常深入一线,检查生产质量和安全,关心工人生活条件,保证伐区作业质量。各地必须加大林木采伐剩余物的利用,积极与木材加工厂、造纸厂、削片厂等企业建立联系,建立供销关系,将山场的采伐剩余物加工成小材小料,削成木片,粉碎成锯末,吃干嚼净,全部利用。为避免火灾的发生、病虫害的蔓延,确保林木生长有一个良好的生长环境和空间,伐区内尽可能不堆积枝丫树头,即使无法利用的枝丫树头也要在林外处理,消除火灾隐患。

5.加强技术队伍和营林队伍的培训,培养综合技能,提高技术本领。配齐配好工程技术人员,要挑选事业心强、业务娴熟、能吃苦耐劳、克己奉公的人员担任工程技术人员,要有计划地对工程技术人员进行培训,不断提高业务能力和技术水平。要加强营林队伍的建设,特别是加强营林工人的技能训练,要使营林工人成为既懂得育苗、造林、抚育、采伐技术,又掌握林业的防火防盗等常识的多面手,特别是生态公益林的管护人员更要成为营林队伍的一分子,要身兼数职,在管护经营好本责任区林分的前提下,积极参加林场组织的各项森林培育经营活动,不断提高自身的综合技能和本领。林场在开展森林经营活动中要以自营生产为主,要组织本场职工积极参加各项营林生产活动,保证生产作业质量,同时增加职工收入,达到富裕职工的目的。

6.加强营林基础设施建设,保证森林经营工作顺利开展。要加强国有林场的苗圃建设,通过国有林场标准化苗圃建设,加强苗圃圃容圃貌、排灌设施、土壤改良等建设,提高育苗技术和苗圃管理水平。国有林场在育苗中要结合本场实际、结合市场需求,育好苗、育壮苗,育珍贵、珍稀树种苗木,为造林、补植提供优良苗木。要加强营林工段建设,营林工段建设可以与管护站建设相结合,一房多用,既要考虑到森林培育中的营林生产,又要兼顾管护经营工作。营林工段建设要与生产、生活相结合,功能齐全,既要方便生产经营,还要方便职工生活,室外环境优美,室内规整干净,除开展正常生产经营活动外,还要丰富职工的文化娱乐生活,要组织站里职工开展副业生产、站段经济,提高职工生活质量。要加强林道建设与维护,林道的建设与维护,要与森林培育工作紧密结合,在逐沟逐坡经营中,经营一条沟,路要通到一条沟,保证森林经营以及管护经营工作顺利进行。

7.加强作业区质量监督检查工作,建立有效的监督机制,跟踪问效问责。要严格按照有关规程规定,对森林培育工作进行监督检查验收。按要求下发验收单,严禁改变林地用途、乱砍滥伐、单纯取材等现象发生。审核审批时对天然林和珍贵树种林分的调查设计要严格把关,要采取积极有效的培育保护措施,严禁皆伐或皆伐改造;对西部平原地区人工林皆伐、改造地块要采取先造后采、先造后改的措施,防止皆伐、改造后借熟化土壤之机迟迟不还林,改变林地用途。要加大重点公益林培育自检自查力度,每年对重点公益林的造林、补植、抚育地块进行检查验收。应该建立重点公益林核查制度,每年对重点公益林培育工作进行核查,确保重点公益林培育工作健康有效地开展。

现代森林经营系统是一个由多种资源以不同的层次结构构成的复合经营系统。这些资源包括由地貌、土壤构成的土地资源;由地表水、地下水组成的水资源;由光、热、空气、降水组成的气候资源;由动、植物、微生物组成的生物资源;由自然景观组成的游憩资源等自然资源以及人类通过人力、智力(林业科技)、信息构成的社会资源。在全面推进现代林业建设的新的历史时期,森林资源经营管理的地位更加突出,任务更加艰巨,责任更加重大;在新的历史时期,森林资源经营管理工作机遇和挑战并存,希望和困难同在。必须从更高的层面,以更广的视野,站在全局的战略高度,充分认识做好森林资源经营管理工作的重要意义,在经济社会发展和现代林业建设中,把握森林资源经营管理工作的新要求,即:必须高举中国特色社会主义伟大旗帜,深入贯彻落实科学发展观,全面推进现代林业建设,把建设和培育稳定高效的森林生态系统,促进森林可持续经营作为森林资源经营管理工作的战略目标;把严格保护、科学经营、持续利用作为森林资源经营管理工作的基本方针;把全面提高林地生产力,为国民经济和社会发展持续提供丰富优质的物质产品、生态产品和生态文化产品作为森林资源经营管理工作的根本任务,要始终不渝地推进森林可持续经营,构建具有中国特色的森林可持续经营体系。多年的实践证明,没有森林资源的可持续经营,就没有林业的可持续发展,全面推进现代林业建设必须走森林可持续经营之路。根据第六次全国森林资源清查,我国森林资源质量不高的状况依然没有得到明显改观,森林每公顷蓄积量仅为84.7立方米,仅相当于世界平均水平的85%;林木年净生长量仅为3.55立方米,只相当于林业发达国家的一半左右;现有森林资源中呈现出"五多五少"现象,也就是纯林多、混交林少,单层林多、复层林少,中幼林多、成过熟林少,小径材多、大径材少,一般用材树种多、珍贵树种少。同时,在有些地方经营主体不落实、目标不明确、措施不到位。这些问题都严重制约了森林的可持续经营。要改变这种状况,必须用法律制度规范森林经营秩序,用行政手段保障森林经营方向,用市场机制激发森林经营活力,用现代技术提升森林经营水平。在国家和省级层面上,重点是落实分区施策、分类管理,按照地理特点和经济发展状况进行合理区划,实行不同区域和不同森林类型差别化的森林资源管理政策;在县级层面上,重点是开展森林经营规划,落实宏观区划的具体布局,明确各类森林的培育方向和经营模式;在经营单位层面上,重点是科学编制和实施森林经营方案,将经营措施落实到山头地块,使经营者对森林资源的处置和收益有明确预期,特别是在集体林权制度改革到位的地区,要积极引导经营者组建新的合作组织,使森林经营逐步走上集约化、规模化、科学化轨道;在林分经营层面上,重点是充分运用现代森林经营技术和手段,最大限度地提高林地生产率,使不同林分的目标效益最大化。

积极稳妥地推进森林资源经营管理的各项改革,建立适应现代林业建设的经营管理新体系。我国现有的森林资源经营管理体制大都是在计划经济时代建立起来的,随着市场经济的不断完善和发展,以生态建设为主的林业发展战略不断推进,其弊端日益显现,主要表现在:国有林产权虚置,所有者权益得不到保障,经营者短期行为严重;集体林经营主体不落实,经营机制不灵活、利益分配不合理的现象仍不同程度地存在。为此,在传统林业向现代林业转变的过程中,对于长期以来形成的森林资源管理基本制度、政策体系、经营机制既要继承又要发展。只有不断地深化改革,才能从根本上消除森林经营管理的体制性和机制性障碍,不断解放和发展生产力。近年来,我们在林权制度、资源管理体制、森林采伐利用、森林资源监测、林地保护管理和森林资源监督等方面加大了改革力度,取得了显著成效。实践证明,这些改革对提高森林经营管理水平、推进现代林业建设发挥了积极作用。但是由于种种原因,这些改革还是初步的、不完善的,还有待于在推进现代林业建设的实践中不断完善。在集体林权制度改革上,要按照"产权归属清晰,经营主体到位,权责划分明确,利益保障严格,流转规范有序,监管服务有效"的现代林业产权制度的要求,着力推进森林资源管理的配套改革,保障集体林权制度改革的成果;在国有林区森林资源管理体制改革上,要按照相关文件的要求,分析总结吉林森工企业改革、伊春国有林权制度改革试点、清河林业局政企分开改革和其他森林资源管理体制改革试点单位的经验,在不断深化完善的基础上统筹兼顾、系统推进,真正建立"责权利相统一,管资产、管人、管事相结合"的森林资源管理体制;在森林资源管理方式改革上,对森林资源利用管理要实行分区施策、分类管理,要坚持宏观总控、加强基础工作、实施分类经营、创新分配机制;对林地的保护管理要实行定额管理、占补平衡;对森林资源监测要实行统一管理、综合监测。这里需要强调的是,在推进各项改革的同时,必须坚持"两手抓",一手抓改革,一手抓管理,绝不能放任自流,否则就会破坏改革的环境,影响改革成果。

森林资源经营管理应以可持续经营理论为基础,以森林生态系统为经营对象,以满足全面建成小康社会对林业的多方面需求为目标;严格保护、科学经营、持续利用、积极发展,大力促进我国森林资源经营管理从木材生产管理为主向森林生态系统经营管理为主转变,从以工业利用为主向以满足生态效益为主发挥森林多种效益转变,从利用性采伐为主向经营性采伐为主转变。

森林资源经营管理应实行分区施策、分类指导策略。应用地域分异规律,根据各区域社会经济发展对森林资源经营管理的要求,区分经营管理区域和经营管理类型,建立森林资源经营管理分区分类体系、多层次政策体系及技术管理体系。经营管理区域主要确定森林资源经营管理的目的与利用方向,按区域制定不同森林类型的经营管理策略与经营管理模式。根据各森林资源经营管理区域的生态特征,分别选取少量关键性指标或同一指标按不同阈值分别确定具体地块的生态重要性等级和生态敏感性等级。

第六章 森林的分类经营

21世纪是生态文明的世纪,保护和发展森林资源,是人类社会可持续发展的迫切要求。实行林业分类经营,是新形势下林业发展的客观要求,是贯彻国家在新的历史时期关于林业建设方针的重要举措,分类经营是我国林业20世纪末和21世纪林业改革的主题。实施林业分类经营就是遵循现代林业思想,根据社会对生态和经济的要求,按照对森林多种功能主导利用方向的不同,将林业划分为以发挥生态效益和社会效益为主的公益林业和以发挥经济效益为主的商品林业,并按照各自特点和规律,建立相应完善的管理体制、经营机制、投入机制的一种管理模式。它强力推动林业跨越式发展,使森林的生态效益和经济效益得到整体发展,从而达到促进人与自然和谐的目的。它是逐步建立起比较完备的林业生态体系和林业产业体系的一项基础性工作。

第一节 森林分类经营理论

森林分类经营并不是近年才提出来的,在18世纪形成的森林经营管理(森林经理)理论中就有组织森林分类经营的理论与实践。例如,在地域上把相互连接的、具有相同经营方向的块划分为森林经营区,与此同时,把地域上不相连接,但在森林经营目的、经营周期、经营方式上相同的小班组织成森林经营类型甚至森林经营体系,比如,用材、防护、水源涵养、特种目的相同的森林经营类型合并建立起相应的森林经营体系,甚至直接以小班作为经营类型,这就是典型的分类经营。问题是传统的这种分类经营有以下的缺点:第一,突出了木材的利用,忽略了其他各种效益;第二,只强调了经营的生物学和技术方面,忽略了经营的社会效益方面和林政管理方面;第三,只从自然和生物物理方面,而没有从事理和人理的互为储存关系考虑;第四,也是一个很重要的方面,体现为就林论林,没有与其他各部门、行业有机地结合,因而没有跳出行业的局限。

随着整个经济向市场经济转轨,为了既充分发挥市场机制在林业资源配置中的基础作用,又对市场机制失灵的方面加以克服,必须实现整个林业的分类经营。正是在这种背景下,国家体改委和林业部颁发的《林业经济体制改革总体纲要》正式推出以分类经营改革为核心的林业经济体制改革总体方案。林业分类经营改革是我国林业经营制度的重大发展,是林业主动适应社会主义市场经济体制改革要求的重大战略抉择。森林分类经营改革的核心是将林业经营的微观主体,即各类森林经营单位按其经营森林的主要目的的不同,划分为商品林业经营单位、公益林业经营单位和兼容林业经营单位。商品林业经营单位的经营活动完全按市场机制运行,经营森林资源所需的各种生产要素都从要素市场上取得,其生产经营计划要按照市场需要来制订,产业和产品结构随着市场需求结构的变化而逐步调整,经营目标是实现经济效益最大化,实行企业管理。公益林业经营单位的经营活动要按计划机制运行,生产要素的提供者主要是各级政府,森林资源的数量、结构和分布将主要服从于社会对生态环境的需要,其经营目标是在一定的投入水平下,最大限度地发挥森林的生态效益,实行事业管理。

森林分类经营改革的实质是对林业经营活动进行适当分类,让市场机制和计划机制在各自适用的领域发挥生产要素配置的基础性作用。以发挥公益效益为目标的森林资源经营不能按市场机制运行,必然要求将其同以经济效益为目标的森林资源经营区分开来。森林资源经营能够产生经济和生态两大效益。对于以经济效益为主要目的的森林资源经营,即商品性森林资源经营是完全可以在市场机制的作用下实现的。而对于以提供生态效益为目标的森林资源经营,则无法按市场机制进行。因为生态效益,如涵养水源、保持水土、防风固沙、调节气候等,即通常所讲的"公共产品",社会每时每刻都在消费(享用),但消费上不具有竞争性,在占有上也没有明显的排他性,无法进行市场交换。因此,为培育森林资源进行的投资,就不可能从市场得到补偿。为了保持生态性森林资源的持续经营,必须增强计划机制的作用。

第二节 实施森林分类经营的有关对策与建议[①]

实行森林分类经营是一项根本性和全局性的改革,其主要任务并不在于对森林进行简单的划类,而在于围绕分类经营这一个基本要求必须从管理体制、经营方式、经济政策等方面进行配套改革,以推进林业的可持续发展,进而促进我国国民经济和社会建设的全面可持续发展。

一、尽快制定和完善政策法规,建立管理办法

森林分类经营是一项全新的工作,各种政策、法规还不完善,仍在积极探索之中。建议国家林业和草原局在详细调研的基础上,尽快出台森林分类经营政策法规,如"公益林管理办法""商品林管理办法""公益林补偿资金管理办法"等。各级地方政府根据国家有关森林分类经营的法规法律制定适合本地区的相关政策,使森林分类经营的管理和公益林的补偿、补助资金的使用与管理纳入法治化轨道。

除了国家要增加对公益林的投资外,必须尽快建立和健全森林生态公益林的补偿制度。根据"谁受益,谁投入"的原则,生态公益林的服务对象明确的,由其受益者补偿;服务对象不明确的,由政府补偿。征收的森林生态公益林补偿资金主要用于公益林培育、经营管理和新的公益林工程建设。我国已有部分省、市在尝试采用一些方法开展生态公益林的补偿。如广州市人大常委会通过了《广州市流溪河流域水源涵养林保护管理的规定》,规定每年筹集1800万元作为流溪河流域水源涵养林的生态效益补偿费。各级财政都从年度支出中拿出不少于1%的费用作为公益林的投入;湖南资兴市按水库灌溉田亩面积每亩每年收取20元人民币作为生态补偿费;广西金秀县的大瑶山水源林使下游一些县受益,这些县每年给金秀县的水源林建设补

---

①刘真财. 实施森林分类经营有关对策和建议[J]. 农村实用科技信息,2015:26.

偿费达数百万元。作为"全国森林分类经营试点县"的河北省平泉市根据补偿要素和实际情况,提出补偿标准,并把补偿渠道分为自我补偿、外部受益者补偿和国家补偿三个方面。

二、成立公益林、商品林管理机构,实施分类管理

应建立与分类经营相适应的林业管理体制,将公益林建设纳入政府行为范畴,实行事业化管理,建议国家林业和草原局成立公益林管理中心,统一组织国家公益林建设,将退耕还林(草)、天然林保护、防护林建设、自然保护区建设等公益林建设统一纳入其管理范围,以免互相重叠,避免重复建设。各省(区)、地(市)、县根据其生态区位重要性,也应成立相对应的管理机构,统一组织本地区的公益林建设,实行国家统一领导下的各级地方政府负责制。而商品林建设和管理可沿用原来的管理体制和方法进行,推向市场,作为企业行为,在市场上参与竞争,以适应市场,增强市场竞争力。这既是森林分类经营的要求,也是林业可持续发展的必然要求。

三、改进在分类经营条件下对森林的经营方式

根据生态公益林和商品林经营的不同要求和特点,分别采用不同的管理和经营方法。公益林建设以最大限度地发挥生态和社会效益为目标,应该根据不同的社会经济和自然条件,因地制宜地采取封山育林、封山护林等营林方式,实行乔灌草结合、针阔叶混交合理搭配,来充分发挥森林的各种生态功能。对于商品林建设,以追求最大的经济效益为目标,根据市场的需求,采用高投入(包括高科技的投入)、高产出、高效益的"三高"模式的集约化经营。

尤其要调整商品林布局和结构,满足社会、经济对林产品的需求。商品林发展中应根据本地区自然、经济条件和市场需求,以市场为导向,大力营造速生丰产林,发展名、特、优经济果木林。在自然、社会条件好的地方,以工程形式营造速生丰产林,并根据速生丰产林资源布局,重新调整林产工业布局,形成资源—产业—效益良性循环。

四、帮助生态公益林区群众解决实际困难

引导生态公益林区群众在不破坏环境建设的条件下发展经济,解决林区

群众的实际困难,推广节能技术,发展沼气解决群众烧柴问题,发展林下养殖、种植业,开发新的产业,让林农增加收入,解决森林资源保护与满足林农生活需求之间的矛盾。公益林是以各种自然生态保护、经济生态保护或人类生存环境保护为其基本经营目标的森林植被。主要是指自然保护区、水源涵养林、水土保持林、防沙治沙林、市郊游憩林、特殊景观林等。公益林的经营是本着公共利益或国家长远利益,因此应由国家投资经营。多功能林,其经营目标是同时追求森林的生态、经济效益,它承担木材生产功能,但为了尽量不冲击环境效益,采伐不能过多、过勤。因此应采取长周期经营,主要依靠自然力,培育大径材。多功能森林就是传统上所经营的天然林(或天然化了的人工林),它仍然是森林资源的主体。国家也应提供必要的支持和利税方面的优惠。

五、适度调整林产品税费,让利于民,促进林业发展

林产品尤其是商品木材在上缴税费方面负担过重的问题,各省反映比较普遍,特别是商品木材在生产和流通两个环节重复征收8%(贵州省为两个8.8%)的税的问题,林农和林区干部意见较大;其他地方性附加税比例也不少,不利于林业的发展。建议适度调低商品材生产和流通领域农林特产税及其他税费征缴比例,废除地方性"搭车性"收费,让利于民,促进森林资源发展。

六、进一步做好商品林的细分

商品林一般应商业化经营,主要追求的是经济效益,应包括一切可以用以生产林产商品的林种。我们主张林业要开发一种"木材培育产业",就是要像生产粮食那样生产木材。一般说来,一个国家利用10%上下的现有林地,完全可以代替甚至大大超出其余90%林地生产的木材。世界上已有许多这种成功的例子。

森林分类经营能够为建立林业两大体系理顺管理体制和运行机制。过去,我们对防护林、特种用途林按经营的具体目的进行细分类,采取相应技术措施,收到了明显成效,在公益林建设中,应继续坚持这种做法。在用材林、经济林、薪炭林经营上,缺乏具体指导森林经营的有效细分,没有达到最

佳经营效果。在未来的商品林发展中,必须加以克服。可以说,商品林的细分是商品林成败的关键,是建立发达的林业产业体系的关键。

不同商品林的培育周期长短不一,满足不同市场需求的同种商品林,其成熟期也不一致。商品林培育周期的长短结合构成了商品林经营的连续性。商品林培育周期的长短结合,不但可以充分利用地力来满足市场不同层次的需要,而且还可以缓解经济危困,达到以短养长的目的。按培育周期不同进行分类培育,有助于实现资源的定期培育。

把商品林划分出来的目的之一就是利用市场机制的作用,加速森林资源培育。作为商品林经营单位,要想把加速培育的愿望变成现实,必须对森林资源的培育前景、接续能力进行分类,区别对待,区分轻重缓急,将有限的人力、物力和财力投放到最有效的地方去,有效地克服目前森林资源经营中不分主次,人力、财力和物力使用上"遍撒芝麻盐"的做法。

培育商品林的目的是满足市场需求(包括现时的和未来的)和社会需要。培育什么样的商品林,培育多少这样的商品林才能有效地满足市场需要,不仅是技术经济问题,而且还是社会问题。以往的商品林经营目的性较差,在分类上体现为线条较粗。即使在林业区划和森林经营方案中,也只是使经营单位明确在哪一个区域,培育以哪几种树种为主的用材林或经济林等,经营上以树种为中心,无法与市场需要相联系,整个资源经营看似目的明确实则有一定的盲目性。近年来,各地纷纷采取措施,实行定向培育,这是大势所趋。但是,如不加强宏观引导,使定向培育维持合理的规模,特别是短期定向培育的规模,既有可能使经营单位在某些方向上投入规模过大,供过于求,又有可能在某些方向上出现结构性不足。

对商品林进行细分的客观依据:以市场需求和社会需要为导向,以传统分类为参考,在综合分析森林资源状况的基础上,以更多更好地为社会提供所需要的林产品为目标进行有目的的分类。

衡量商品林经营成果的首要标准是商品林的目的性。由于经营的目的不同,商品林的经营方针、经营措施有明显的差别。以经济效益为主要目标的商品林业在资源经营上就要按市场需求的不同来进一步分类,确定其经营的具体方向。只有这样,才能成为对经营单位有效的行为指令。不同的市场需求是进行商品林细分的首要依据。

商品林经营是否有效，不仅取决于对商品林的市场需要，同样取决于商品林经营的技术可行性和经济可行性。由于商品林经营的条件不同，培育同量商品林资源所需要的投入水平不同，因而效果也会不一致。同样的经营条件，培育不同的商品林效果也不一致。这种方案的多样性及其效果的多样性预示着恰当的选择可以给我们带来更大的经济效果。因此我们在商品林经营上必须贯穿一个基本思想，即最大限度地利用好培育商品林的自然、经济和社会条件。

五大林种是最基本的分类。五大林种的划分具有相当的技术依据，并且部分地考虑了经济条件，是我们进行商品林细分的主要基础。因为五大林种及其细分类已在经营者、生产者和管理者头脑中扎根，如果完全撇开传统分类，不但重复劳动，而且很容易在执行者头脑中造成混乱。因而细分的基本原则就是在传统分类的基础上将商品林进一步按其他标准进行次级分类。

商品林细分的标准及基本分类。商品林经营能否收到实效，关键在于细分是否科学，而细分的科学性主要取决于分类标准的选择。商品林细分类的基本依据决定了分类标准的选择范围，以经营目的、产品方向、经营强度作为分类标准比较可行，其具体分类如下。

1. 经营目的。经营目的就是培育森林资源的最终目标。按此标准，传统上已将森林资源划分为五大林种，即用材林、防护林、经济林、薪炭林和特种用途林，其中用材林、经济林、薪炭林和部分特种用途林属于商品林。

2. 产品方向。产品方向反映具体的市场需求，而且不同经营方向的商品林培育周期也长短不一，可以形成以短养长、以长促短、长短结合的商品林经营格局。按产品方向，可以将商品林分为人造板原料林、特种用材原料林、纸浆林、矿柱林、一般用材林等。一般情况下，小径原料林培育周期短，而特种用材原料林如跳板材、车船材等大径原料林培育周期较长。

3. 经营强度。经营强度和经营方向一样，是细分的重要标准。这是由商品林经营的经济条件不同决定的。按经营强度不同，可以将商品林划分为集约林、常规林和封育林等。为使人力与自然力有效结合，必须实行集约经营、常规经营和封山育林相结合的适度经营模式。集约经营的特点是高投入、高产出、高效益,适用于周期相对较短的工业人工林和有较大培育前景的天然林。集约人工林是从育苗开始就加大人力、物力的投放,整个培育过程都是高强度培育,直到成熟采伐利用,目前已大量运用。集约天然林,目前尚未运用,是指除更新造林环节由人工促进天然更新或由纯自然力进行以外,其余各环节类似于集约培育的人工林。这既能使天然林生长的目的性因人工干预而增强,又能有效地节省投入(与集约人工林相比),而且生态比较稳定,生长速度接近人工林的水平。对于尽快实现资源接续,早日摆脱资源危机有不可低估的作用。常规经营的特点是投入水平一般、高产出,但在单位时间内产出水平低,效益中等,适用于周期长的人工林和资源培育条件中等的天然林。大面积的森林仍然要常规培育。对于水、热、土、交通等条件适中的林地而言,常规培育效果最好。若粗放培育,听之任之,会浪费大量宝贵的自然力,集约培育又会浪费过多的人力和物力,且国家用于森林资源经营的人力、物力和财力又不是无限的。常规培育是适度培育模式的有机组成部分之一,从经营面积来看,它是很重要的。常规培育不等于传统培育,应在加强现有林经营、提高各经营环节的工作质量和调动经营者积极性上下狠工夫。

第三节 林业与森林资源分类经营的联系与区别

一、林业分类经营与森林资源分类经营的主要区别[①]

1.虽然划分商品林和公益林既是林业分类经营必不可少的内容,也是森林资源分类经营的需要,但两种分类经营都不能仅仅停留在划分商品林和公益林上。林业分类经营必须对林业经营单位按商品林和公益林所占比例划分为商品林业经营单位和公益林业经营单位。森林资源分类经营要在五大林种的基础上继续按多种标准对其进行细致分类,以满足森林资源经营

①刘家顺. 论林业分类经营和森林资源分类经营[J]. 林业经济,1996:12-16.

的需要。简言之,林业分类经营最终要对森林经营单位进行分类;森林资源分类经营的分类对象只是森林资源本身。

2.林业分类经营的分类标准是林业生产经营单位的主要经营目的,主要发挥生态效益的林业生产经营单位就是公益林业单位,主要追求经济效益的林业生产经营单位就是商品林业单位;而森林资源分类经营的分类标准则是多种多样的,既可以按森林经营目的划分出用材林、防护林、特种用途林等,也可以按产品方向划分为纸浆林、胶合板原料林等,还可以按经营强度划分为集约经营区、常规经营区和封育经营区等。

3.林业分类经营的目标是选择适当的经济运行机制,所做的分类是为林业宏观决策服务的,为政府采取有效的经济运行机制,为实行不同的经济政策提供依据,不同类型的经营单位之间的差别主要体现在管理体制和运行机制上;森林资源分类经营的目标是追求尽可能高的森林资源经营的投入产出效益,是直接为森林经营者决策服务的,不同类型的森林资源差别主要体现为管理措施和技术要求的不同。

4.由于林业分类经营和森林资源分类经营在分类对象、分类目标等方面存在上述区别,两者分类的结果自然有明显不同。林业分类经营的分类结果是商品林业经营单位和公益林业经营单位;森林资源分类经营的分类结果是商品林、公益林、工业原料林、速生丰产林等。

二、林业分类经营和森林资源分类经营的联系①

二者的联系在于:林业分类经营是森林资源分类经营中的一种分类——按经营目的对森林资源进行的分类是林业分类经营的基础。经营单位属于哪一类必须建立在对该经营单位的森林资源按经营目的进行分类的基础上,这是公益林业经营单位的必备条件。但并不等于凡是有公益林的单位都是公益林业经营单位,最终的衡量标准是公益林在其经营的全部森林资源中所占的比重及由这一比重引起的市场机制的调节失灵程度。

综上所述,林业分类经营是林业经济体制改革的主线,它建立在森林资源按经营目的分类的基础上,是实现林业生产经营活动和资源配置机制衔

①刘家顺.论林业分类经营和森林资源分类经营[J].林业经济,1996:12-16.

接的重要途径,它不是经营的具体技术措施,而是经营管理体制的根本变革。同时,我们必须认识到林业分类经营只是为森林资源分类经营争取良好的外部环境,但它不能取代森林资源的分类经营。必须重视在林业分类经营的基础上,对公益林、商品林按多种标准进行细致分类,这是建设林业两大体系的迫切需要。从某种意义上讲,对林业分类经营如果表述为林业经济分类运行就更为形象和贴切了,它与森林分类经营的关系就不用特意去澄清了。

森林分类经营作为我国林业改革的关键环节,要走的路还很长,在实行林业可持续发展的过程中,如何更好地实施分类经营仍是我们关注的重点。建立完整的森林分类经营管理体制并给予相应的政策支持是当前工作的重心。林业部门应该从本地区的实际情况出发,在林业可持续发展原则的指导下,找到适合本地区林业发展的分类经营办法。森林分类经营实施的关键问题是统筹安排,分门别类。难点在于生态公益林的建设与发展。而生态公益林建设的关键是要有大量的资金投入。随着新形势下林业工作的战略定位和发展思路的调整,建立比较完备和完善的分类经营的林业生态体系和比较发达的林业产业体系,已成为我国林业发展的战略目标和任务。为此分类经营能否顺利实施和推行下去,关系到我国林业发展的前途和命运,关系到林业市场经济体制的建立和林业生态功能的良好发挥,关系到建立比较发达的林业产业体系和比较完备的林业生态体系,关系到林业的两个根本性转变。

第七章 森林生态与可持续经营管理

第一节 森林资源管理概述

　　森林不只是树木的集合体,而且是陆地上最复杂的生态系统。森林生态系统除了包括各种乔灌木树种、草本植物外,还有蕨类、苔藓、地衣、鸟类、兽类、昆虫和微生物,是一个复杂的生物世界。在各种生态系统中,森林生态系统对人类的影响最直接、最重大,也最关键。离开了森林的庇护,人类的生存与发展就会失去依托。

　　我国地域辽阔,自然条件多样,适宜各种林木生长。我国拥有各类针叶林、针阔混交林、落叶阔叶林、常绿落叶阔叶混交林、常绿阔叶林、热带雨林、雨林以及它们的各种次生类型。还有栽培历史悠久并且广泛种植的人工用材林和经济林,如杉木林、毛竹林、油茶林、油桐林、杜仲林等。此外,还有华南滩涂的红树林、内陆河岸的胡杨林、荒漠沙丘上的梭梭林和高山杜鹃灌丛等各种具有重要防护功能的乔木和灌木林类型。中国还拥有世界上完整的温带和亚热带山地垂直带谱,世界上最北的热带雨林类型,种类最丰富的云杉属和冷杉属森林,世界上罕有的高生产力(每公顷2000立方米多)云杉林等。

　　据联合国粮农组织公布的《2015年全球森林资源评估报告》显示,从1990—2015年全球森林面积净减少1.29亿公顷,而中国的森林面积由1.33亿公顷增加到2.08亿公顷,净增加0.75亿公顷,成为全球森林面积增长最多的国家,并认为"中国在通过天然更新和人工造林增加永久性森林面积方面,为全球树立了榜样"。最新发布的第九次全国森林资源清查成果《中国森林资源报告》表明,我国森林覆盖率为22.96%,比第八次全国森林资源清查的森林覆盖率21.63%提高了1.33个百分点。全国现有森林面积2.2亿公顷,森林蓄积量175.6亿立方米,实现了30年来连续保持面积、蓄积量的"双增长"。我国成为全球森林资源增长最多、最快的国家,生态状况得到了明显改善,森林资源保护和发展步入了良性发展的轨道。

我国森林面积和蓄积量的绝对数虽然可观,但是,我们在看到成绩的同时,还要看到不足。我国依然是一个缺林少绿的国家,森林覆盖率低于全球30.7%的平均水平,特别是人均森林面积不足世界人均的1/3,人均森林蓄积量仅为世界人均的1/6。森林资源林龄结构不合理,可采资源不足。成过熟林可采资源面积、蓄积量仅占森林面积和森林蓄积量的19%和40%;森林资源林种树种结构不合理,生态效益低;人工纯林、单层林占主体。森林资源主要分布在东北、中东部和中部地区,而西北和西部地区森林资源匮乏。东北和西南地区天然林资源丰富,东南部丘陵山地森林资源也较多,是人工林主要分布地区。辽阔的西北、内蒙古西部及人口稠密、经济发达的华北、中原和长江、黄河下游地区森林资源稀少。

森林资源质量不高、功能不强,是我国林业最突出的问题,严重制约着林业多种功能的充分发挥。我国每公顷森林蓄积量为89立方米,仅相当于林业发达国家单位面积森林蓄积的1/4 ~ 1/3。森林生产力不高,每公顷森林年均生长量为4.23立方米,只有林业发达国家的1/2左右;森林生产力提升缓慢,平均每公顷蓄积从20世纪50年代的71.03立方米提升到89.79立方米,不到林业发达国家的1/3。全部森林中,质量好的森林仅占19%,中幼龄林比例高达65%,混交林比例只有39%,与良好健康的森林要求的混交林比例60%以上差距较大,天然林中有51%是纯林,人工林中有85%是纯林。森林退化严重,天然林中有94%为过伐林、次生林和退化林。

受全球气候变化、极端环境条件、外来物种入侵、森林结构单纯等多重因素影响,世界范围内人工林正经受着有害生物和火灾的严重危害和威胁。"十三五"期间,我国年均发生森林火灾9586起,受害森林面积15.12万公顷,人员伤亡140人,森林资源损失和人员伤亡惨重。松材线虫病等重大林业生物灾害"南害北移"态势加重,在年均气温仅为7.9℃区域发现了松材线虫,突破了学术界和管理部门原有的对松材线虫适生区的判别范围。全国松材线虫病疫区从2009年的192个疫区扩展到2019年的588个疫区,凸显了疫情发生的复杂性和防控的艰巨性。

经过长期努力,我国森林由恢复增长、规模扩张阶段进入到量质并重、提升质量效益阶段。森林资源总量相对不足、质量不高、分布不均的状况仍然存在,森林生态系统功能脆弱的状况尚未得到根本改变,生态产品短缺依然是制约中国可持续发展的突出问题。这就不得不要求我们加大森林资源保护和生态修复力度。

面对我国人工林发展过程中存在的问题和新时代社会对森林期望与需求的变化,通过科学合理地规划与经营,发展优质、高效、稳定、可持续的多功能人工林已成为一种主流趋势。现阶段我国人工林经营体系仍呈现多元化的发展模式,在遵循我国现有的森林分类经营体系的基本构架下,向发展兼顾经济、生态和社会效益的多目标森林经营战略转变。我国人工林经营将更加关注在不同时间和空间尺度上有效权衡和协同好人工林生态系统的多种服务功能,并以提升人工林的质量与效益为重点。

我国人工林大多为针叶纯林,结构简单、抗逆性差、生态服务功能低,人工林经营管理尚未实现集约化、信息化、机械化和智能化,导致人工林经营的质量和效益还落后于国际上的林业发达国家。这些林业发达的国家,人工林经营的理论和技术相对比较成熟和完善,已经走上人工林高效集约经营和多功能利用的可持续发展道路。鉴于人工林经营中存在的诸多问题以及可利用土地空间的限制,我国人工林未来发展不可能再延续一味追求以扩大人工林面积来实现人工林资源的增长,必将从以扩大造林面积为主转变为以提高现有人工林生产力和质量为重点。未来造林、营林更加注重林地单产的提高和森林质量的提升。人工林经营中应该倡导培育大径级优质材,提升基于材质的木材经济价值和效益,力求森林经营得到良好的经济收益回报,这也是世界上发达国家在森林经营方案设计和经营实施效果评价方面所考虑的最重要指标。由盲目粗放经营转变为定向集约高效经营,制定人工林长期可持续多目标经营方案,通过量化和分析林分结构、立地条件,不断调整人工林结构、景观配置,实施健康经营、生物多样性保护、病虫害与森林火险防控,在不断提高人工林木材产量的同时,更加重视提高人工林林分质量和生态系统的服务功能。

通过科学规划和经营调控等手段,处理好生态系统服务与经济社会发展和生态系统之间的关系,实现经济的、社会的和环境的多元惠益,满足人类所期望的多目标、多价值、多用途、多产品和多服务的需要。由于经营目标和影响因素的复杂性,以及不同社会利益群体的需求变化的时空差异,要妥善处理好人工林经营的主导目标与多目标之间的相互关系。有时以一种主导效益作为主要目的并兼顾其他效益,有时需要为了提高一种功能而牺牲另一种功能。因此,在森林适应性管理中更重要的是结合生态和社会的需求,权衡和协同人工林多重生态系统服务(如碳固持、水源涵养、生物多样性维持、养分循环等)和多种效益。通过近自然的经营方式,将现存的大面积单层同龄人工针叶纯林转化成以乡土阔叶树种为主的复层异龄多树种混交林,改善人工林树种组成和群落结构,充分利用自然力和天然更新机制,加速人工林的近自然演替进程,增强森林生态系统的稳定性和抵御气候变化的韧性,同时有助于提升地力、生产力和碳储量。

2019年7月发布的《天然林保护修复制度方案》对天然林保护工作做出了顶层设计,提出了三个阶段性目标任务:到2020年,实现"把所有天然林都保护起来"的目标,基本建立天然林保护修复各项制度;到2035年,天然林面积保有量稳定在2亿公顷左右,质量实现根本好转,为基本实现美丽中国目标提供有力支撑;到21世纪中叶,全面建成以天然林为主体的健康稳定、布局合理、功能完备的森林生态系统。

天然林保护修复必须坚持四项基本原则,即坚持全面保护,突出重点,把所有天然林都保护起来,同时确定天然林保护重点区域,实行天然林保护与公益林管理并轨;坚持尊重自然,科学修复,统筹山水林田湖草治理,全面提升生态服务功能;坚持生态为民,保障民生,保障林权权利人和经营主体的合法权利,确保广大林区职工和林农与全国人民同步进入全面小康社会;坚持政府主导,社会参与,形成全社会共抓天然林保护的新格局。

天然林保护修复要实施四项重大举措。

完善天然林管护制度。在对全国所有天然林实行保护的基础上确定天然林保护重点区域,实行分区施策;建立天然林保护行政首长负责制和目标责任考核制;逐级分解落实天然林保护修复责任与任务;加强天然林管护站点建设、管护网络建设、灾害预警体系建设、护林员队伍建设和共管机制建设。

建立天然林用途管制制度。全面停止天然林商业性采伐;对纳入重点保护区域的天然林,除维护生态系统健康的必要措施外,禁止其他生产经营活动;严管天然林地占用,严格控制天然林地转为其他用途;对重点保护区域的天然林地,除国防建设、国家重大工程项目建设特殊需要外,禁止占用。

健全天然林修复制度。在天然林演替和发育阶段,科学实施修复措施,遏制天然林分退化,提高天然林质量;强化天然中幼林抚育,促进形成地带性顶级群落;加强生态廊道建设;鼓励在废弃矿山、荒山、荒地上逐步恢复天然植被;加强天然林修复科技支撑,加快完善天然林保护修复效益监测评估制度。

落实天然林保护修复监管制度。将天然林保护修复成效列入领导干部自然资源资产离任审计事项,作为地方党委和政府及领导干部综合评价的重要参考;对破坏天然林、损害社会公共利益的行为,可以依法提起民事公益诉讼;建立天然林资源损害责任终身追究制。

2018年,我国木材消费量已达6亿立方米,木材对外依存度超过50%。2016年起我国全面停止天然林商业性采伐,每年进口大径级珍贵阔叶材3500万立方米以上。随着社会经济的持续发展对木材资源需求不断增长,以及世界主要木材生产国对木材出口的限制,缺口继续加大。我国林木良种年均产量220万千克左右,良种穗条15亿条(根)左右,全国主要造林树种良种使用率61%,但与发达国家90%以上的林木良种使用率相比依然偏低。迫切需要突破林木全基因组定向选择、人工林长期生产力提升等关键技术,为人工林资源高效培育提供科技支撑。

我国林业重点生态工程自启动实施以来,采用先易后难的建设顺序,随着工程的不断深入,工程建设困难程度不断增加,现有科技成果储备难以满足工程需求,亟待解决山水林田湖草系统综合治理等重大理论问题,突破特殊困难立地生态高效修复与产业协同发展、防护林结构精准调控与功能提升、森林重大灾害绿色防控等关键技术,集成创新林业生态建设工程提质增效科技体系,为国土生态安全保障体系构建提供强有力的支撑。

第二节 森林经营的区划系统

一、森林经营区划的概念

森林经营区划又称林地区划,是对整个林区进行地域上的划分,即将辽阔的林区和不同的森林对象划分为不同的部分或单位。划分的主要目的有:第一,便于调查、统计和分析森林资源的数量和质量;第二,便于组织各种经营单位;第三,便于长期进行森林经营利用活动,总结经验,提高森林经营水平;第四,便于进行各种技术、经济核算工作。

二、森林经营区划系统

(一)森林经营单位区划系统

1.林业局(场)的区划。林业(管理)局→林场(管理站)→林班→小班;或林业(管理)局→林场(管理站)→营林区(作业区、工区、功能区)→林班→小班。

2.自然保护区(森林公园)的区划。管理局(处)→管理站(所)→功能区(景区)→林班→小班。

国家级自然保护区按功能分为核心区、缓冲区和实验区。核心区是指保护对象具有典型代表性,并保存完好的自然生态系统和珍稀、濒危动植物的集中分布地区。缓冲区是指位于核心区周围,可以包括一部分原生性生态系统类型的演替类型所占据的半开发的地段。实验区是指缓冲区的外围,可以包括人工生态系统和宜林地在内,但最好也能包括部分原生或次生生态系统类型的地区。

(二)县级行政单位区划系统

县→乡(镇)→村→小班;或县→乡(镇)→村→林班→小班。

森林经营区划应同行政界线保持一致。对过去已区划的界线,应相对固定,无特殊情况不宜更改。

三、森林经营区划的原则和方法

(一)林业局的区划

林业局是林区中一个独立的林业生产和经营管理的事业单位。合理确定林业局的范围和境界是实现森林永续经营利用的重要保证。根据全国林业规划,我国各林区已大部分建立了林业局。在新开发的林区,首先应根据正式批准的林区总体规划方案和上级有关建局的指令性文件,合理地确定林业局的范围和境界。影响林业局境界的主要因素如下。

1.森林资源情况。森林资源是林业生产的物质基础。林业局范围内应有一定数量和质量的森林资源,才能实现森林可持续发展。森林资源主要表现在林地面积和森林蓄积量上。从长期经营和永续作业要求出发,林业局的经营面积,一般以15万～30万公顷为宜;从发挥木材机械效率以及经济效益出发,以年产木材20万立方米为宜。以营林为主的林业局,因造林、经营等活动频繁,经营面积以5万～10万公顷为宜。

2.自然地形、地势。林业局以大的山系、水系等自然界线和永久性的地物(如公路、铁路)作为境界,对于经营、生产、运输、管理和生活等方面均有重要意义。因此,应充分利用这些条件,防止只从有无可利用森林资源考虑,而忽视地形、地势等特点,造成运材翻山越岭、运距加长、管理不便等现象的发生。

3.行政区划。在确定林业局境界时,应尽量考虑与行政区划相一致,这样有利于林业企业与地方机构协调关系,特别是在林政管理、护林防火、劳动力调配等方面。

4.木材运输条件。在一个林业局范围内应有一个比较完整的木材运输系统。采用汽车运材,应尽量减少逆向的运材道路;采用水运,应以流送河道的吸引范围为限。

林业局的范围应充分考虑有利于职工生活、交通方便。林业局的境界线一般情况下不应轻易变动,以免影响正常的经营管理。林业局的面积不宜过大,其形状以规整为好。

(二)林场的区划

林场是经营和管理森林资源的基层林业生产单位,也是森林经营方案编制和执行的基本单位。其区划是以全面经营森林和"以场定居,以场轮伐"、森林永续经营为原则。林场的境界应尽量利用自然地形和山脊、河流、沟谷、道路等永久性标志。林场的范围应以有利于全面经营森林、合理组织生产和方便职工生活等为原则,形状最好较为规整。

关于林场的经营面积,北方林业局(企业局)下属的林场,经营面积一般为1万~2万公顷,南方独立的国有林场的经营面积一般为1万公顷左右,较大的可达3万公顷。在少林地区,国有林场的经营面积大都为0.1万公顷~0.2万公顷。集体林区民办林场的面积从几公顷到几千公顷不等。根据我国林业企业的森林资源情况、木材生产工艺过程和营林工作的需要,林场的面积不宜大于3万公顷。总之,林场的面积不宜过大或过小,过大不利于合理组织生产和安排职工生活;过小则可能造成机构相对庞大、机械效率不能充分发挥等缺点。

我国林业局以下的林业管理机构名称也有多种,如主伐林场、经营所、采育场、伐木场等,从长远看,应统称为林场较为合适。

(三)营林区的区划

营林区又称作业区(分场、工区、工段)。在林场内,为了便于森林经营管理,开展多种经营活动,方便职工生活,做好护林防火工作等,将林场再区划为若干个营林区。由于森林资源的分散和集中程度、树种特点、居民点分布、地形地势、交通条件和经营水平不同,营林区面积大小也不相同,但应以工作人员到达最远的现场,步行花费的时间不超过1.5小时为宜。营林区界线应以自然界线为区划线,与林班线一致,即将若干个林班集中在一起组成营林区。营林区既是行政管理单位,又是基层经营单位。

林业局、林场、营林区区划以后,都应成立相应的管理机构,并分别在局、场、营林区范围内选择局址、场址和区址。局、场、区址的选择要贯彻"城乡结合、工农结合、有利生产、有利生活"的方针。

(四)林班的区划

林班是在林场或乡(镇)范围内,为了便于森林资源统计和经营管理,将土地划分为许多面积大小比较一致的基本单位。在开展森林经营活动和生产管理时,大多数以林班为单位。因此,林班是永久性经营单位。

划出的林班以及林班线,主要用途是便于测量和求算面积;清查和统计森林资源数据;辨认方向;护林防火以及林政管理;开展森林经营利用活动。

划出林班后,每个林班的地理位置、相关关系以及面积就固定下来,为长期开展林业生产活动提供了方便条件。

1.林班的区划方法。在进行林班区划时,主要根据林区的实际情况和经营水平确定面积大小和区划方法。林班的区划方法有三种,即自然区划法、人工区划法、综合区划法。

自然区划法。自然区划法是以林场(或乡、镇)内的自然界线以及永久性标志,如河流、沟谷、分水岭以及道路等作为林班线划分林班的方法。这种区划方法,林班的形状和大小因当地地形而异,一般形状不规整,主要依地形变化而划分。区划时应结合营林、护林、主伐、集运材是否方便等进行。

自然区划法的优点是有利于森林经营管理;可以不伐开林班线,只需沿林班线挂树号;保持自然景观;对防护林、特种用途林有特殊的作用。缺点是林班面积大小不一,形状各异,计算面积较复杂,不能利用林班线识别方向。自然区划法适用山区,大多数林班为两坡夹一沟,便于经营管理。如面积过大时,可以沟底为林班线,以一面坡为一个林班。

人工区划法。人工区划法(又称方格法)将互相垂直的林班线将林场划成正方形或长方形的规整几何形状,其大小基本一致。

人工区划法设计简单,便于调查和计算面积;林班线有助于在林区识别方向,并作为防火线和道路使用;技术要求低,操作简单。其不足之处是区划时不考虑地形条件和森林分布的实际情况,而使很多林班线失去经营作用,伐开林班线增加工作量。此法仅适用于地形较平坦、地形特点不明显的地区,如广东省雷州林业局的林场大多采用此法区划林班。

综合区划法。综合区划法是自然区划法与人工区划法相结合划分林班的方法。一般是在自然区划的基础上,对面积过大的地段或平缓地段,辅助部分人工区划而成。综合区划法形成的林班形状和大小不一致。

我国林班区划原则上采用自然区划法或综合区划法,地形较平坦地区可以采用人工区划法。

2.林班面积的大小和编号。林班面积的大小:林班面积的大小主要取决于经营目的、经济条件和自然条件。在南方经济条件较好的林区,林班面积应小于50公顷;北方林区林班面积一般为100~200公顷;自然保护区和西南高山林区根据需要可适当放宽标准;丰产林、特种用途林林班面积可小于50公顷;集体林区受山林权属的影响,林班面积可不受上述标准的限制;在具有风景、旅游、疗养性质的森林内,林班面积的大小和形状,应尽可能与森林景观和旅游业的需要相结合,以保持自然面貌为原则。同一林场林班面积的变动幅度不宜超过标准要求的±50%,防止无立木林地林班面积划得过大,给长期经营带来不便。

林班的编号和命名:林班的编号一般是以林场或乡(镇)为单位,用阿拉伯数字从上到下、从左到右依次编号。如果当地有相应地名,应在编号后附上,以利于今后开展经营管理工作。

3.林班境界的确定。林班区划的界线,既要反映在图上,又要落实到现场,才能使森林经营区划起到应有的作用。

林班现场区划时,应在林班线相交处埋设林班桩、林班指示牌(人工区划法林区)。山脊作为林班线时,可不在伐开区画线,只需在界线两侧树上挂号;在不明显的山脊、山坡上划线时,一般伐开线宽为1米,清除伐开线上的小径木和灌木,同时在伐开线两侧树上挂号,树号应面向界线砍成八字形,部位要适中,以便寻找。由于林班为林场永久性经营单位,因此,除特殊情况外,一般不宜变更界线和编号,以免造成经营管理上的混乱。

为了便于开展各种经营活动,在森林经营区划的基础上,应在必要的地点设置各种区划标志,如指示牌、标桩。

(五)小班的区划

为了调查森林资源和开展各项经营活动,有必要在林班内按一定条件划分小班。小班是林班内林学特征、立地条件一致或基本一致,具有相同的经营目的和经营措施的地块,是森林资源规划设计调查、统计和森林经营管理的基本单位。

1.小班区划的原则。小班划分的原则是小班内部自然特征基本相同,与相邻小班有明显差别。

2.划分小班的依据。划分小班的依据是凡能引起经营措施差别的一切因素,都可作为划分小班的依据。划分小班的依据是权属、地类、林种、森林类别、林业工程类别、起源、优势树种(组)、龄级(组)、郁闭度(覆盖度)、立地类型(或林型)和出材率等级。以上因素不同,均应划分为不同的小班。

小班划分应尽量以明显地形、地物界线为界,同时兼顾森林资源调查和经营管理的需要。

3.小班的面积。小班面积依据林种、绘制基本图所用的地形图比例尺和经营集约度而定。最小的小班面积在地形图上不少于4平方毫米,对于面积在0.067公顷以上而不满足最小小班面积要求的,仍应按小班调查要求调查、记载,在图上并入相邻小班。南方集体林区商品林最大小班面积一般不超过15公顷,其他地区一般不超过25公顷。无立木林地、宜林地、非林地小班面积不限。

4.小班区划的方法。小班划分就是根据划分小班的基本条件确定小班的界线,把小班界线落实到地面,并反映在图上。

采用由测绘部门绘制的当地最新的比例尺为(1:10000)~(1:25000)的地形图到现场进行对坡勾绘。根据明显的山谷、山脊、道路、河流等地标物,作为判断小班地理位置的依据,然后尽可能综合上述地标物,将小班轮廓在地形图上勾绘出来。对于没有上述比例尺地形图的地区可采用由1:50000放大到1:25000的地形图。

使用近期(以不超过2年为宜)经计算机正射校正比例尺为1:25000以上的卫片(空间分辨率10米以内)在室内进行小班勾绘,然后到现场核对。

在小班调查时,要深入林内校对,进一步修正小班轮廓线。

森林经营区划和林业区划不同。林业区划侧重分析研究林业生产地域性的条件和规律,综合论证不同地区林业生产发展的方向和途径,是从宏观研究安排林业生产,具有相对的稳定性,在较长时间内起作用。森林经营区划是在林业区划的原则指导下具体地在基层地域上落实。

第三节 森林资源调查

一、森林资源调查的概念

森林资源调查也称为森林调查,是指依据经营森林的目的要求,系统地采集、处理、预测森林资源有关信息的工作。它应用测量、测树、遥感、各种专业调查、抽样以及电算技术等手段,以查清指定范围内的森林数量、质量、分布、生长、消耗、立地质量评价以及可及性等,为制定林业方针政策和科学经营森林提供依据,主要有森林资源状况、森林经营历史、经营条件以及未来发展等方面的调查。

二、森林资源调查的分类

森林资源调查的种类多样,各类调查的方法、目的、内容等各有不同。我国根据调查的目的和范围将森林资源调查分为三大类:第一,国家森林资源连续清查;第二,森林资源规划设计调查;第三,作业设计调查。

(一)国家森林资源连续清查

国家森林资源连续清查(又称一类调查)是以掌握宏观森林资源现状和动态为目的,以省(区、市)为单位,是以固定样地为主进行定期复查的森林资源调查方法。它是全国森林资源与生态状况综合监测体系的重要组成部分。国家森林资源连续清查成果是反映全国、各省(区、市)森林资源与生态状况,是制定和调整林业方针政策、规划,监督检查各地森林资源消长任期目标责任制的主要依据。

国家森林资源连续清查的任务是定期、准确地查清全国和各省(区、市)森林资源的数量、质量及其消长情况,掌握森林生态系统的现状和变化趋势,对森林资源与生态状况进行综合评价。

国家森林资源连续清查的主要内容:第一,土地利用和覆盖包括土地类型(地类)、植被类型的面积和分布;第二,森林资源包括森林、林木和林地的数量、质量、结构和分布。森林从起源、权属、龄组、林种、树种的面积和蓄积,生长量和消耗量及其变化等方面清查;第三,生态状况包括森林健康状况和生态功能,森林生态系统多样性,土地沙化、荒漠化以及湿地类型面积和分布及其变化。

国家森林资源连续清查以省(区、市)为单位,原则上每5年复查1次。每年开展国家森林资源连续清查的省(区、市)由国务院林业主管部门统一安排。要求当年开展复查,翌年第一季度向国务院林业主管部门上报复查成果。

(二)森林资源规划设计调查

森林资源规划设计调查(又称二类调查)是以国有林业局(场)、自然保护区、森林公园等森林经营单位或县级行政区域为调查单位,以满足森林经营方案、总体设计、林业区划与规划设计需要而进行的森林资源调查。其主要任务是查清森林、林地和林木资源的种类、数量、质量与分布,客观反映所调查区域的自然、社会经济条件,综合分析与评价森林资源与经营管理现状,对森林资源培育、保护与利用提出意见。调查成果是建立或更新森林资源档案,制定森林采伐限额,作为林业工程规划设计和森林资源管理的基础,也是制定区域国民经济发展规划和林业发展规划,实行森林生态效益补偿和森林资源资产化管理,指导和规范森林科学经营的重要依据。

森林资源的落实单位是小班,这是因为小班是森林经营活动的具体对象,也是林业生产最基础的单位,所以森林资源规划设计调查的森林资源数量和质量要落实到小班。

森林资源规划设计调查的基本内容:第一,核对森林经营单位的境界线,并在经营管理范围内调整(复查)经营区划;第二,调查各类林地的面积;第三,调查各类森林、林木蓄积量;第四,调查与森林资源有关的自然地理环境和生态环境因素;第五,调查森林经营条件、前期主要经营措施与经营成效。

森林资源规划设计调查间隔期一般为10年。经营水平高的地区或单位也可以5年进行1次,两次二类调查的间隔期称为经理期。在间隔期内可根据需要重新调查或进行补充调查。

(三)作业设计调查

作业设计调查(又称三类调查),是为满足伐区设计、造林设计、抚育采伐设计、林分改造等进行的调查。作业设计调查的目的主要是对将要进行生产作业的区域进行调查,以便了解生产区域内的资源状况、生产条件等内容。作业设计调查应在二类调查的基础上,根据规划设计要求逐年进行。森林资源数据应落实到具体的伐区或一定范围的作业地块上。

作业设计的内容不同,调查的内容也各不相同。以最常见的采伐作业设计调查为例,它是森林经营管理和森林利用的关键步骤之一,主要任务是调查林分的蓄积量和出材量。该项调查工作量大,作业实施困难。与森林资源清查、森林资源规划设计调查相比,采伐作业调查具有以下四个特点:第一,目的是为企业生产作业设计而服务的,时间紧;第二,调查和设计同步进行,以采伐作业调查为例,在调查的基础上需进行采伐设计和更新设计;第三,为保证调查精度,禁止采用目测调查,通常采用全林每木检尺或高强度抽样;第四,在调查设计中较多地使用"3S"技术手段,如利用GPS进行林区公路选线、测定伐区的边界和面积,利用GIS确定运材系统、制定作业时间、分析各种采伐方式的经济性。

按照林业标准化要求,采伐作业设计调查的内容分为三部分:第一,采伐林分标准地调查,包括树种组、起源、年龄、郁闭度、平均胸径、平均树高、单位面积株数、蓄积量、生长量;第二,采伐条件调查,包括采伐林分的地理位置、气候、地形地貌、土壤条件等自然条件,交通、劳动力等社会经济条件;第三,更新情况调查,包括更新方式、更新树种、种苗供应、经费预算等。

以上三类森林资源调查的目的都是查清森林资源的现状及其变化规律,为制订林业计划和经营利用措施服务,但它们的具体对象、任务和要求不同。一类调查为国家、省(区、市)制定林业计划、政策服务;二、三类调查是为基层林业生产单位开展经营活动服务。三种调查各有自己的目的和任务,不能互相代替。如果用二类调查代替一类调查,就会因森林资源落实单位小,调查内容过多,项目过细而延长调查时间,加大成本;如果用一类调查代替二类调查,则因蓄积量、生长量以及各项调查因子无法落实到小班,满足不了经营上的要求;二类调查有较长的经理期(一般一个经理期为10年),

在经理期内,各小班的森林资源都在不断发生变化,如果用二类调查代替三类调查,就会因森林资源的变化而使原调查数据不能使用;若用三类调查代替二类调查会大大增加工作量和调查时间。

三、森林资源规划设计调查成果

(一)表格材料

1.小班调查卡片。小班调查卡片是根据小班调查的内容自定格式。小班调查卡片应在外业调查期间填写,以便及时发现问题、补遗或改正。

2.森林调查簿。森林调查簿是以林班为单位进行森林资源信息记录和汇总的表册,简称调查簿。调查簿由封面、封里、封底三部分组成。封面是林班内各类土地面积、蓄积量的汇总以及林班概况;封里是记录各小班的调查因子状况、林分生长和经营措施意见情况,其形式有小班调查卡片和计算机编码记录;封底是林班内各小班经营变化情况的记录。

调查簿是森林资源信息中最基础的部分,也是森林资源档案的基础组成部分。林业企业、事业单位的资源数据都是由调查簿汇总而成,甚至有些国家的全国森林资源统计也是由森林调查簿汇总而成。森林资源规划设计调查的森林调查簿具体格式由各省(区、市)确定。

基本图注记:在林班中央,分母为林班面积,分子为林班号;在小班中央,有林地小班分母为小班面积,分子为小班号,分式右边注优势树种符号;疏林地小班分子为小班号,分母为小班面积,分式右边注优势树种符号;其他小班分子为小班号,分母为小班面积,并在相应位置注上地类代号。

3.林相图。林相图是规划设计和经营活动的重要图面材料。通过林相图可以直接观察各小班的优势树种(组)和年龄的地域分布,是一种林业现状图。林相图是在基本图的基础上通过着色完成的。凡有林地小班,应进行全小班着色,不同的优势树种(组)采用不同的颜色,同一优势树种(组)用颜色的深浅表示龄组,一般分幼龄林、中龄林、近熟林、成熟林和过熟林五个龄组。不同的树种(组)颜色参照《林业地图图式》中的规定。有林地小班用分子式表示小班主要调查因子,注记方式为:小班号—龄级/地位级—郁闭度,其他小班只注记小班号和地类符号。林相图的比例尺为1:10000~1:50000。

4.森林分布图。森林分布图以经营单位或者县级行政区划为单位,用林相图缩小绘制。比例尺根据经营单位或者各县面积而定,一般为1:50000~1:100000。地形、地物可简化,行政区划界线到乡、场一级,将相邻、相同地类或林分的小班合并。凡在森林分布图上大于4毫米的非有林地小班界均需绘出,但大于4毫米的有林地小班则不绘出小班界,仅根据林相图着色区分。有特别意义的地类、树种,面积虽达不到上述面积,也要用图表示出来。

5.森林分类区划图。森林分类区划图以经营单位或者县级行政区域为单位绘制,比例尺根据经营单位或者各县面积而定,一般为1:50000~1:100000。成图方法:用本期二类调查的森林分布图为底图,以营林区、乡级商品林、生态公益林分布图为基础按比例缩小归并绘制而成。图上要反映乡级以上(含乡)行政区界线,各级政府、行政村、林业企事业单位驻地的符号、名称,重要区位名称。生态公益林区域按事权等级进行着色,主要河流、水库、铁路、公路等也要按要求着色。其他成图图式要求参照《林业地图图式》的有关规定。

6.专题图。在专业调查的基础上绘制各种专题图,以反映专题内容为主,比例尺根据经营管理需要确定,如土壤分布图、立地类型图、植被分布图、病虫害分布图、副产资源分布图、野生动物分布图、营林规划图等。

(二)文字材料

文字材料主要有:森林资源调查报告、专项调查报告、质量检查报告,与上述表格材料、图面材料和文字材料相对应的电子文档。

当森林案件现场证据材料灭失时,可以查阅森林资源规划设计调查的成果材料,以获得相关的信息,为森林案件的查处提供依据。

第四节 森林资源信息管理

林业自身有森林生长周期长、森林资源分布的地域辽阔性、森林资源的再生性和森林成熟的不确定性等特点。因而森林资源信息具有以下几个显著特点:第一,森林资源信息具有区域分布性,森林资源在区域上表现为多层次;第二,森林资源数据量大,既有空间定位特征,又有属性特征;第三,森林的生长随时间的变化而发生变化,森林资源信息随时间也在不断变化;第四,展现森林资源信息载体的多样性,不仅有描述森林资源信息的文字、数字、地图、林相图和影像等符号信息载体,也有磁带和光盘等物理介质载体。用传统的手段来管理森林资源信息并以其分析结果来指导林业生产的做法已日益暴露其严重的弊端。传统的林业管理方式在数据更新方面需要耗费大量的人力、物力和财力,不能对变更的数据及时更新,也不利于数据的传递。传统的数据库虽然能够比较快速地更新属性数据,但难以分析林业空间变化规律和预测变化趋势,这给林业管理和决策带来一定的影响。

一、森林资源信息管理的概念与内涵

(一)森林资源信息管理的概念

森林资源信息管理是对森林资源信息进行管理的人为社会实践活动过程,它是利用各种方法与手段,运用计划、组织、指挥、控制和协调的管理职能,对信息进行收集、存储、加工和生产并提供使用服务的过程,以有效地利用人、财、物,控制森林资源按预定目标发展的活动。其前提是森林资源管理,强调信息的组织、加工、分配和服务的过程。

(二)森林资源信息管理的内涵

1.现代森林资源信息管理是以可持续发展的信息观为指导的管理。传统的信息观强调信息是一种战略资源,是一种财富,是一种生产力要素,片面地认为促进经济发展就是它最大的作用,却没有把信息放在"自然—社会—经济"这一完整系统中加以全面考虑,从而导致了地球环境恶化和生态严重失衡。因此,迫切需要突破传统信息观的局限,形成一种新的信息观,即可持续发展的信息观。用可持续发展的信息观来指导现代森林资源信息管理,可将封闭的、僵化的森林资源管理引向开放、活化的管理模式,并优化生产结构和劳动组合,将有限的森林资源进行合理配置,减少资源的不合理消耗。

2.现代森林资源信息管理是为森林资源可持续发展服务的活动。如何最大限度地利用森林资源,既满足"可持续"的需求,又满足"发展"的需求,是困扰森林资源管理决策者的重大问题,所以,现代森林资源信息管理就理所应当充当起辅助决策的角色。现代森林资源信息管理的一个重要目标就是通过对林业可持续发展中各基本要素的分析和预测,为可持续发展决策提供服务。

3.现代森林资源信息管理的核心是知识管理。现代管理为适应生产和管理活动的需要,正从以"物"为中心向以"知识"为中心转变,知识作为一种生产要素在经济发展中的作用日益增长。森林资源信息管理正面临着从"物"向"知识"的转变,处理信息、管理知识,使森林资源管理从劳动密集型向知识密集型方向发展。21世纪要全面实现可持续森林资源经营和管理应该做到:在精确的时间和空间范围内,实现精确的经营和管理。其基本途径是在森林资源经营和管理现代化的基础上,逐步实现知识管理,将以"物"为中心的森林资源经营和管理,转变为以"信息和知识"为中心,把利用木材等有形资源转化为生产力,变为利用信息和知识等无形资源转化为生产力的过程。

4.现代森林资源信息管理终将融入数字地球之中。数字地球的基本思想是:在全球范围内建立一个以空间位置为主线,将信息组织起来的复杂系统,即按照地理坐标整理并构造一个全球的信息模型,描述地球上每一个点的全部信息,按地理位置组织和存储起来,并提供有效、方便和直观的检索手段和显示手段,使每个人都可以快速、准确、充分和完整地了解及利用地球上的各方面信息,即实现"信息就在我们的指尖上"的理想。森林资源作为地球的重要组成,森林资源管理又是社会经济活动的重要活动,森林资源信息管理融合于数字地球之中,不仅反映了世界现实的需要,也使森林资源管理可以获得与之相关的丰富的信息,从而提高森林资源管理的水平。

5.系统集成是现代森林资源信息管理的新思路。未来的森林资源信息管理,将以可持续发展为指导思想,体现自然科学与社会科学的集成,视森林资源及其管理为一个开放的、复杂的系统,使用集成的方法来认识与研究;根据需要集各种信息技术为一体,为取得整体效益,在各个环节上发挥作用。综上所述,可以认为系统集成是现代森林资源信息管理的一种新思路,是现代思想、方法和技术等方面的一个集成体。

二、森林资源信息管理的内容

森林资源信息管理的内容很多,有不同的分类方式。分类方式包括:①根据信息使用方式可分为单项管理、综合管理、系统管理和集成管理;②根据信息属性方式分为属性信息管理和空间信息管理;③根据信息对象方式分为林地资源信息管理、林木资源信息管理、植被信息管理、野生动植物信息管理、森林环境信息管理和湿地资源信息管理;④根据信息分布方式分为集群信息管理和分布式信息管理。

三、森林资源信息获取技术

传统的森林资源调查方法和技术主要有目测调查法、标准地调查法、角规调查法、抽样调查法和回归估测法。

目测调查法、抽样调查法、标准地调查法前面已经做了介绍。角规调查法是利用角规调查林分每公顷的断面积和蓄积量,具有工作效率高的特点。一般在立地条件不复杂、林分面积不大、透视条件好和调查员有相关经验的情况下,采用此法。角规常数应视林木大小而定。回归估测法是用其他方法的测定值与小班实测值之间建立回归关系,推算小班单位面积上的蓄积量等因子的数量值,这种方法称为回归估计法。

(一)PDA技术

该技术是将RS、GIS、GPS和现代通信技术高度集成,能显示各种空间分辨率的遥感影像图(DOM)和地形图数据(DEM)等矢量专题图层;能进行空间图形和属性信息的交互查询;可接收GPS卫星信号,进行动态导航定位;具有现地调绘、野外数据采集、小班面积自动求算、小班样地布设自动获取坐标、样地调查中计数、小班因子调查中地图与属性因子互动、综合计算与统计、统计报表与成图、数据整理与检错等多项功能。

(二)扫描矢量化

目前,地图数字化一般采用扫描矢量化的方法。首先,根据地图幅面大小,选择合适规格的扫描仪,对纸质地图扫描生成栅格图像。然后,对栅格图像进行几何纠正。最后,实现图像的矢量化,主要采用软件自动矢量化和屏幕鼠标跟踪矢量化两种方法:软件自动矢量化工作速度较快,效率较高,但是智能化较低,其结果仍然需要再进行人工检查和编辑。通常使用GIS软件,如Mapinfo、ARC/INFO、GeoStar和SuperMap等对扫描所获取的栅格数据进行屏幕跟踪矢量化并对矢量化结果数据进行编辑和处理。屏幕鼠标跟踪方法虽然速度较慢,但是其数字化精度较高。在林业上,通常根据现有的纸质版的图面材料,如基本图、林相图、森林分布图和专题图等,通过扫描矢量化的方法生成可在计算机上进行存储、处理和分析的数据。

(三)摄影测量

摄影测量包括航空摄影测量和地面摄影测量。摄影测量通常采用立体摄影测量方法采集某一地区空间数据,对同一地区同时摄取两张或多张重叠相片,在室内的光学仪器或计算机上恢复它们的摄影方位,重构地形表面。航测对立体覆盖的要求是:当飞行时相机拍摄的任意相邻两张相片的重叠度不少于55%,在相邻航线上的两张相邻相片的旁向重叠应保持在30%。

数字摄影测量是基于数字影像与摄影测量的基本原理,应用计算机技术、数字影像处理、影像匹配和模式识别等多学科的理论与方法,提取所摄对象并用数字方式表达几何与物理信息的摄影测量方法。应用数码相机的数字相片或普通相机的相片扫描,经数字摄影测量软件处理,可实现对单株林木的精确监测,如树高、任一处直径和树冠状态等。近景数字摄影测量的实质是建立相片和林木之间的共线方程。通过对树木的多张摄影相片和共线方程解算,就可建立像方坐标和物方坐标之间的空间关系,进而当像方任一点坐标已知时,可求得对应点物方(实地)坐标,进而求得任一处直径、树高和树冠体积等。

四、地理数据在计算机中的表示

目前,地理信息系统(GIS)和森林资源信息管理系统等相关软件在森林防火规划和森林资源信息管理等方面发挥着重要的作用。特别是地理信息系统的应用越来越广泛。与传统的地理数据表示方法不同,GIS要求以数字形式记载和表示地理数据。常用的有四种表示方法:矢量表示法、栅格表示法、栅格和矢量数据的图层表示法和面向对象表示法。

(一)矢量表示法

1.矢量数据模型。众所周知,点可用二维空间中一对坐标(x_1,y_1)来表示,线由无数个点组成,相应地,线可由一串坐标对$(x_1,y_1),(x_2,y_2)\cdots(x_n,y_n)$来表示,面是由若干条边界线段组成的,它可用首尾相连的坐标串来表示,这就是矢量数据的表示原理。矢量数据模型能够精确地表示点、线和面的实体,并且能方便地进行比例尺变换、投影变换以及输出到笔式绘图仪上或视频显示器上。矢量数据模型表示的是空间实体的空间特征信息(位置),如果连同属性信息一起组织并存储,则根据属性特征的不同,点可用不同的符号来表示,线可用颜色不同、粗细不等、样式不同的线条绘制,多边形可以填充不同的颜色和图案。在小比例尺图中,村庄这类对象可以用点表示,道路和河流用线表示。在较大比例尺中,村庄则被表示为一定形状的多边形。

2.矢量数据结构。矢量数据结构是对矢量数据模型进行数据组织。它通过记录实体坐标及其关系,尽可能精确地表示点、线和面等地理实体。矢量数据结构直接以几何空间坐标为基础,记录取样点坐标。采用该数据组织方式,可以得到精美的地图。另外,该结构还具有数据精度高、存储空间小等特点,是一种高效的图形数据结构。

矢量数据结构中,传统的方法是几何图形用文件方式组织。这种数据结构组织方法在计算长度、面积,编辑形状和图形,进行几何变换操作中,有很高的效率和精度。

矢量数据结构按其是否明确表示地理实体间的空间关系分为实体数据结构和拓扑数据结构两大类。

实体数据结构。实体数据结构也称spaghetti数据结构,它是以多边形为单元,每个多边形用一串坐标对来表示的一种数据结构。按照这种数据结构,边界坐标数据和多边形单元实体一一对应,各个多边形边界点都单独编码并记录坐标。

这种数据结构具有编码容易、数字化操作简单和数据编排直观等优点。但这种方法有明显缺点:第一,相邻多边形的公共边界要数字化两遍,造成数据冗余存储;第二,缺少多边形的邻域信息和图形的拓扑关系;第三,没有建立与外界多边形的联系。因此,实体式数据结构只适用于简单的系统,如计算机地图制图等。

拓扑数据结构。拓扑关系是一种描述空间结构关系的数学方法。具有拓扑关系的矢量数据结构就是拓扑数据结构。拓扑数据结构没有形成标准,但基本原理是相同的。它们的共同点是:点相互独立,点连成线,线构成面。每条线始于起始节点,止于终止节点,并与左右多边形相邻接。

拓扑数据结构包括索引式结构、双重独立编码结构、链状双重独立编码结构等。

索引式结构。索引式结构采用树状索引以减少数据冗余并间接增加邻域信息。具体方法是对所有边界点进行坐标化,将坐标对以顺序方式用点坐标文件存储;根据各边界线及其包括的点建立文件;再根据各多边形及其包括的线建立多边形文件,从而形成树状索引结构。

树状索引结构消除了相邻多边形边界的数据冗余和不一致的问题,但是比较烦琐,因而给邻域函数运算、消除无用边、处理岛状信息以及检查拓扑关系带来了一定的困难,而且人工方式建表的工作量大并容易出错。

双重独立编码结构。这种数据结构最早是由美国人口统计系统采用的一种编码方式,简称 DIME 编码系统。它以城市街道为编码主体,其特点是采用了拓扑编码结构。

链状双重独立编码结构。链状双重独立编码结构是在 DIME 数据结构的基础上,将 DIME 中若干只能用直线两端点的序号来表示的线段合为一个弧段,其中,每个弧段可以有许多中间点。该结构除了包括多边形文件和点坐标文件外,还包括两个文件:弧段文件和弧段点文件。其中,弧段文件主要由弧记录组成,存储弧段的起止节点号和弧段左右多边形号。弧段点文件由一系列弧段及其包括的点号组成,具体文件格式由于篇幅所限,这里不再赘述。

(二)栅格表示法

1.栅格数据模型。在栅格数据模型中,点实体是一个栅格单元或像元,线实体由一串彼此相连的像元构成,面实体则由无数串相邻的像元构成,像元的大小是一致的。像元的位置由纵横坐标(行列)决定,像元记录的顺序已经隐含了空间坐标。栅格单元的形状通常都是正方形,有时也可为矩形。

栅格的空间分辨率是指一个像元在地面所代表的实际面积大小。对于一个面积100平方千米的区域，以100米的分辨率来表示，则需要有1000×1000个栅格，即100万个像元。如果每个像元占一个字节，那么这幅图像就要占用1000000字节的存储空间。随着分辨率的增大，所需的存储空间也会呈几何级数增加。因此，在栅格数据模型中，选择空间分辨率时必须考虑存储空间的大小。

在栅格数据模型中，栅格系统的起始坐标应当和国家基本比例尺地形图公里网的交点相一致，并以公里网的纵横坐标轴作为栅格系统的坐标轴。这样便于和矢量数据或已有的栅格数据配准。

由于受到栅格大小的限制，一些栅格单元中可能出现多个地物，通常采用中心点法、面积占优法、重要性法和百分比法来确定这些单元的属性取值。

栅格数据模型的优点是不同类型的空间数据层可以不需要经过复杂几何计算就可进行叠加操作，但不便于进行比例尺变换、投影变换等一些变换和运算。

2.栅格数据结构。用规则栅格阵列表示空间对象的数据结构称为栅格数据结构。根据栅格阵列中每个栅格单元的行列号确定其位置，每个栅格单元只能存在一个用来表示空间对象的类型、等级等特征的属性值。

栅格数据结构表示的地表是不连续的近似离散的数据。在栅格数据结构中，点用一个栅格单元表示；线状地物则用沿线走向的一组相邻栅格单元表示，每个栅格单元最多只有两个相邻单元在线上；面用记有区域属性的相邻栅格单元的集合表示，每个栅格单元可有多于两个的相邻单元同属于一个区域。

栅格数据结构的显著特点是：属性明显，定位隐含，数据结构简单，数学模拟方便；但也存在数据量大、难以建立实体间的拓扑关系等缺点。

目前，主要的栅格数据结构包括完全栅格数据结构、压缩栅格数据结构、链码数据结构和影像金字塔结构等。下面主要介绍前三种。

完全栅格数据结构。完全栅格数据结构将栅格看作一个数据矩阵，逐行逐个记录栅格单元的值。可以每行从左到右，也可奇数行从左到右而偶数行从右到左。完全栅格数据是最简单、最直接的一种栅格编码方法，其主要有三种基本组织方式:基于像元、基于层和基于面域。

压缩栅格数据结构。压缩栅格数据结构主要包括游程长度编码结构、四权树数据结构和二维行程编码结构,这里重点介绍前两种方法。游程长度编码结构,也称为行程编码。它的基本思想是:对于一幅栅格数据,常常有行(或列)方向上相邻的若干栅格点具有相同的属性代码,因而可采取某种方法压缩那些重复的记录内容。四权树数据结构。它的基本思想是:将一幅栅格数据层或图像等分为四个部分,逐块检查其格网属性值;如果某个子区的所有格网值都具有相同的值,则这个子区就不再继续分割,否则还要把这个子区再分成4个子区;这样依次地分割,直到每个子块都只含有相同的属性值或灰度。

链码数据结构。链码数据结构首先采用弗里曼码对栅格中的线或多边形边界进行编码,然后再组织为链码结构的文件。链式编码将线状地物或区域边界表示为:由某一起始点和在某些基本方向上的单位矢量链组成。单位矢量长度为一个栅格单元,基本方向包括8个方向,分别用数字0、1、2、3、4、5、6、7表示。

具体编码过程是:首先,按照从上到下、从左到右的原则寻找起始点,并记下该地物的特征码及起始点的行列数;然后,按顺时针方向寻迹,找到相邻的等值点,按照前面所讲的基本方向的数字命名方法,对连接前继点和后续点的单位矢量进行编码,从而最终形成一串链码,用来表示现状地物和区域边界。

(三)栅格和矢量数据的图层表示法

在运用栅格和矢量数据模型的GIS中,地理数据是以图层为单位进行组织和存储的。图层表示法就是以图层为结构表示和存储,综合反映某一地区的自然、人文现象的地理分布特征和过程的地理数据。一幅图层表示一种类型的地理实体,包含一定的栅格或矢量数据结构组织的同一地区、同一类型地理实体的定位和属性数据。这些数据相互关联,存储在一起形成了一个独立的数据集。

一幅图层不能表示两种或两种以上的不同集合类型的地理实体,不允许一幅图层既包含点状实体,又包含线状或面状实体,即点、线和面状实体应分别组织、存储在不同的图层中。即使是同一类型的地理实体,若其功能不同,也应分别组织、存储在不同的图层中。而且,同一地理实体因其具有不同比例尺或不同资料来源,也应分别组织和存储在不同的图层中。

栅格和矢量数据的图层表示法的优点有两点:第一,有利于运用地图重叠分析的原理,将多个图层叠加在一起建立不同地理现象之间的相互联系;第二,以图层为结构表示和组织的地理数据便于 GIS 数据的输入与编辑,同时也提高了 GIS 数据库的存储效率。

(四)面向对象表示法

面向对象的数据模型是以对象为单位来描述和组织地理数据的。具体地说,就是以对象的属性和方法来表示、记录和存储地理数据。分布在地球表面的所有地理实体,包括点状、线状和面状实体,都可以视为对象,如房屋、河流和森林。每一个对象都具有反映其状态的若干属性。一个小班对象可能具有这样一些属性:权属、地类、林种、林分起源、优势树种和优势树种组、龄级、郁闭度、立地类型等。

每一个对象都属于一个类型,称为类。例如,西湖、青海湖、洞庭湖、鄱阳湖等对象都属于"湖泊"类。类是具有部分系统属性和方法的一组对象的集合,是这些对象的统一抽象描述,其内部也包括属性和方法两个主要部分。总之,类是对象的共性抽象,对象则是类的实例。

不同的类,通过共性抽象构成超类,类成为超类的一个子类。例如,河流和湖泊都属于水系,因此,水系是河流和湖泊的超类。如此分类,就形成了一个类层次结构,用来描述一个地区各种地理实体。子类对象拥有超类对象的所有属性和方法并无须定义,直接使用这些属性和方法即可。

建立用于表示地理数据的面向对象数据模型一般遵循以下三个步骤:第一,识别对象,定义类别,建立类层次结构;第二,定义对象类的属性;第三,定义对象类的方法。

面向对象数据模型是将地理实体划分成不同的对象类,根据一定的类层次结构表示它们之间的相互关系,从而可以更丰富、更具体地表达地理对象的特征以及它们的相互关系,从而使 GIS 能以综合方式分析和模拟地表上错综复杂的人文和自然现象。并且,该模型将对象的属性和方法封装在一起,提高了 GIS 软件开发的效率。

五、森林档案的建立与管理

(一)森林档案的概念

森林档案是记述和反映林业生产单位的森林资源变化情况、森林经营利用活动以及林业科学研究等方面具有保存价值的、经过归档的技术文件材料。

森林档案是技术档案的一种,是林业生产单位的技术档案,也是国家全部档案的一个重要组成部分。森林档案是林业生产建设和科学研究工作中不可缺少的重要资料。它的基本特征是:第一,在本单位生产、建设和自然科学研究活动中形成的,是记录和反映本单位科学技术活动的技术文件资料;第二,真实的历史记录,不仅真实地记述和反映本单位的科学技术活动,而且真实地说明本单位科学技术活动的历史过程;第三,具有永久和一定时期保存价值;第四,经过整理,并且按照归档制度归档的技术文件资料。

森林档案的基本特征是相互联系、相互制约的统一体,是认识和判断森林档案的基本依据。森林档案可分为两种类型,即林业经营单位所建立的森林经营档案和林业主管部门所建立的森林资源档案。

森林经营档案。林业经营单位的主要任务是经营森林,因此,它建立的档案是和森林经营活动紧密联系在一起的,不仅记录森林资源的变化,而且还记录森林经营和经济活动情况。这类档案称为森林经营档案,包括造林设计文件,图表,权属,林种,造林树种,立地条件,造林方法,树种组成,密度,配置形式,整地方式和标准,种苗来源、规格和保湿措施,造林施工单位,施工日期,施工的组织、管理,造林成活率,保存率,抚育管理措施,病虫鼠害,森林火灾,盗伐滥伐林木调查材料,主伐更新方式,各工序用工量,投资情况,各种科学研究资料等。

森林资源档案。林业主管部门的主要职能是制订计划、下达任务、检查和监督基层单位的林业生产,而不是直接组织经营。因此,这些部门建立的森林档案主要是掌握森林资源现状及其变化,预测森林资源发展趋势。这类档案称为森林资源档案,包括森林资源调查和复查资料,地方森林资源监测资料,检查期内历年统计报表、统计台账、林权台账,森林更新、抚育改造、采伐利用资料等。

(二)森林档案的建立

1.小班档案的建立。小班档案是整个森林档案中最重要的基础档案。它所包括的内容将影响到其作用的发挥。在设计小班档案时应本着以下几个原则:①内容应能够正确地反映林业生产活动的现实情况以及变化情况;②应尽量完整、系统并具有相应的联系;③最少不低于5~10年的使用价值;④格式应力求简单、明了,易于填写和掌握。

小班档案调查记载项目,应根据不同的经营任务以及经营水平的需要和要求来确定。一般经营水平越高,调查记载项目以及检索项目就越细、越多,相反则少些,但有一个最低限,即必须满足国家森林资源统计所要求的最基本的统计项目。

2.林班档案的建立。林班在林场中一般是统计单位,而小班是经营活动单位。林班档案是用表、图来汇总林班内各小班档案所反映的情况。

森林资源统计部分,包括各地类面积统计,有林地面积和蓄积统计。

造林、营林统计部分,包括造林、营林的各种实际活动情况记载,如森林抚育、造林更新、主伐、林分改造、病虫害以及鼠害防治、火灾情况、开荒等统计。进行营林措施(规划)的面积统计。林、农、副业产品收获量统计等。

在正常情况下,每年都应根据林班内各小班实际变化的情况,进行一次统计填写。如果有些林班在本年度内没有进行过任何经营活动,也没有自然灾害,则只需在统计报表时,根据自然增长情况,进行修订森林资源(主要是蓄积量)的数字即可。

每一林班都应有一张以该林班为单位的林相底图,以便规划设计各小班的经营活动和反映经营活动后的情况,图的比例尺应不小于1:10000。

林班档案中各表式样与一般森林资源统计表格相同。

林场档案的建立。林场是组织和经营管理林业生产的基层单位。林场建档是汇总各林班的各种生产情况,便于全面掌握情况、指挥生产,系统地向上级管理单位汇报生产情况。

林场档案除汇总全场的各种生产情况以外,还要统计汇总各种资源数字,掌握林场资源现状及其变化情况。林场档案实质上包括了小班档案和林班档案。因此,林场档案的建立要在小班档案和林班档案建立的基础上进行。

图面档案材料的建立。图面档案材料可以全面、系统、形象地反映森林资源以及经营利用措施规划等情况,使用它来组织、规划、检查生产是比较方便的。因此,它是森林档案中重要的组成部分。图面档案主要指林场的基本图、林相图、森林分布图、森林分类区划图、规划图以及生产指挥图等。它们从不同的角度反映林场的情况。

基本图和林相图在森林资源调查完成后绘制,在建档时应根据林相变化情况及时修订林相图,使之与现地情况一致,这样才能起到图面材料的指挥作用。

规划图是远景图,根据规划要求与可能,将各主要规划措施(如造林、抚育、主伐、防火线、道路网、瞭望台等)反映到图面上,它是以林相图为底图绘制的。近期的(5年内)分年度规划,远期的则统一规划。规划图亦起长期指挥图的作用。

生产指挥图作为当年或近几年的指挥生产用图,将要进行的生产项目分年绘在图上,完成任务后用另一种颜色着色表示实际完成情况,它实质上是规划图的分图。有了生产指挥图可以做到心中有数,便于指挥生产、检查工作,其用途比较大。

图面材料档案还应该包括各种作业设计图。这些图是历史的见证,有益于以后的经营管理工作,应妥善整理归档。

固定标准地或固定样地档案的建立。固定标准地或固定样地都是森林档案中的主要组成部分,它是活的档案,可利用它来查定林木生产情况(生长量、枯损量),检查经营利用效果,说明森林的变化情况。标准地和样地应有固定的标志,图上应标记,以便复查时找到。

(三)森林档案的构成

森林档案的构成包括:①近期森林资源规划设计调查成果(包括统计表、图面材料和文字材料);没有上述资料时,暂用国家森林资源连续清查或者其他具有一定调查精度的调查资料;②森林更新、造林调查设计资料;③林业生产条件调查和近期各种专业调查资料；④固定样地、标准地资料；⑤林业区划、规划、森林经营方案、总体设计等资料；⑥各种作业设计资料；⑦历年森林资源变化资料；⑧各种经验总结、专题调查研究资料；⑨有关处理山权、林权的文件和资料；⑩其他有关数据、图面、文字资料。

（四）森林档案的管理及其利用

1.健全森林档案管理体制。健全森林档案的管理体制是加强档案管理的重要保证。从中央到基层都应严格建立对口的专业管理体制，加强领导，统一技术标准，实行专人负责、分级管理、及时修订、逐年统计汇总上报的管理制度，使森林档案成为提高森林经营水平以及上级机关制定规划、计划和检查工作的科学依据。

森林档案的管理体制应与林业生产管理体制相一致。一般采取四级建档和管理，即省（区、市），市（地、州、盟），县（旗），乡（镇）。

省（区、市）林业主管部门为第一级，一般建至县和国有林业局、国有林场。

市（地、州、盟）林业主管部门和林业管理局为第二级，一般建至乡（镇）和林场（营林区）。

县（旗）林业主管部门和国有林业局、县级林场为第三级，一般建至村和林班。

乡（镇）为第四级，一般建至村民小组和小班或单株树木（主要指古树名木）。

各级林业主管部门都要加强森林档案工作的领导，配备工作责任心强、有林业专业知识的技术人员负责森林档案管理工作，并建立健全管理制度。森林档案管理技术人员要保持相对稳定，不得随意调动，如确需调动时，必须做好交接工作。对森林档案管理技术人员要定期进行技术培训和业务交流，积极采用新技术，利用计算机管理森林档案，不断提高森林档案管理技术水平。

2.森林档案管理技术人员的职责。档案管理人员的工作必须认真负责，严格履行自己的职责。档案管理人员的职责主要有以下几点：①深入现场调查，准确进行测量记载，切实掌握森林资源的变化，及时做好数据和图表的修正工作；②统计和分析森林资源现状，按时提供年度森林资源数据及其分析报告;③深入了解本单位的各项生产、科研等活动,参加有关会议,密切配合林管员和护林员的工作,互通情况,及时掌握资源变化信息;④组织固定样地和标准地的设置,按规定时间复测;⑤收集森林资源、经营利用、科学实验等文字、图面资料,并整理归档;⑥严格执行档案借阅、保密等管理制度,杜绝档案资料丢失;⑦积极宣传和贯彻执行《森林法》和林业方针政策,对生产部门森林资源经营利用活动进行监督;⑧努力学习先进技术,总结管理经验,不断改进工作方法。

3.森林档案管理的基本任务。森林档案管理工作的基本任务,是按照一定的原则和要求科学地管理,及时准确地提供利用,为生产和科研服务,为党和国家各项工作需要服务。

森林档案管理工作也和其他技术档案管理工作一样,其基本任务包括档案的收集、整理、保管、鉴定、统计和提供利用等工作。

森林档案的收集。森林档案的收集工作就是根据建档的需要,及时地收集和接收森林资源调查、各种专业调查、各项生产作业设计与实施以及科学研究成果等有保存和利用价值的资料。在进行上述工作时,档案管理人员最好深入现场,熟悉和掌握这些资料的来源以及精度,以便确定有无保存价值。在资料不足的情况下,档案员应协同业务人员亲自调查加以补充。另外,为保证档案收集工作能及时顺利完成,应建立技术文件材料归档制度。归档制度就是确定技术文件材料的归档范围、归档时间、归档份数以及归档要求和手续等。归档范围:就是明确哪些技术文件材料必须归档,归档范围既不能过宽也不能过窄,明确归档范围是保证档案完整和档案质量的关键。归档时间一般分随时和定期两种,每个单位可根据本单位的工作情况和文件材料的特点,本着便于集中管理、便于利用的精神,具体规定本单位文件材料的归档时间。归档份数:一般文件材料归档一份,重要的和使用频繁的文件材料归档两份或三份。归档要求和手续:一般要求各业务部门负责将日常工作中形成的文件材料进行收集整理,组织保管单位再移交到档案室。

森林档案的整理。森林档案的整理就是对档案资料进行分类,组织保管单位,系统排列和编目,把档案材料分门别类,使之条理化和系统化。森林档案的分类一般分为大类、属类和小类。每个大类分若干个属类,每个属类分若干个小类。组织保管单位是将一组具有有机联系的文件材料,以卷、册、袋、盒等形式组织在一起。系统排列是指对保管单位以及保管单位内的文件材料进行有秩序排列。档案的编目是整理工作的最后一道工序,其内容包括编张号、填写保管单位目录、备考表和编制保管单位封面等工作。由于森林资源随时间的推移和经营活动的开展而不断地发生变化,因此,建档以后应随时整理统计森林资源的变化情况,准确地记入相应的卡片中,并标注在图面上。一般每年年终统计汇总一次,并及时上报。

森林档案的保管。森林档案是属于国家所拥有的重要资料,应该建立责任制度,认真保管,防止损坏和丢失。为保证档案资料的完整和安全,维护档案的机密,要注意防火、防水、防潮、防虫、防尘、防鼠以及保持适宜温度等,最大限度地延长档案的寿命。

森林档案资料的鉴定。森林档案资料的鉴定就是用全面的、历史的和发展的观点来确定档案的科学的、历史的和现实的价值,从而确定档案的不同保管期限,把有保存价值的档案妥善地保管好,把无保存价值的档案经过一定的批准手续销毁。保管期限一般分为永久、长期(15年以上)和短期3种。

森林档案的统计。档案资料的统计主要包括保管数量的统计、鉴定情况的统计以及利用情况的统计等。它通过统计数字来了解和检查档案资料的数量、质量以及整个管理工作的基本情况。档案资料的统计工作,是制订工作计划、总结工作经验、了解利用效果、提高工作效率以及保护档案资料的完整和安全的具体措施。

4.森林档案资料的提供利用。森林档案资料的提供利用就是创造各种有利条件,以各种行之有效的方式和方法,将档案资料提供出来,为各项工作的需要提供服务。

森林档案管理是一门科学。森林档案管理的各个环节是有机联系的统一体。收集工作是档案管理工作的起点,不建立正常的归档制度和做好收集工作,档案就缺乏来源,就不完整。提供利用是森林档案管理工作的目的,不积极提供利用,为生产和科研单位服务,森林档案工作就失去意义。档案资料的整理、保管、统计、鉴定等工作,是整个档案工作的基本建设工作,同样应予以重视。

随着计算机技术和地理信息系统在林业工作中的广泛应用,森林档案的建立和管理也进入了一个新的历史阶段。从过去的小班档案卡片,进入了计算机软件管理时代,为查阅档案材料提供了便利条件,使档案的利用效率更高。

第五节 森林可持续经营

森林可持续经营是林业可持续发展的一个战略问题。随着人口、资源和环境问题的日益突出,可持续发展越来越受到国际社会的普遍关注和高度重视。1992年联合国环境与发展大会以后,努力寻求一条既能满足当代人需要,又不对后代人需要构成危害的可持续发展道路,已成为世界各国面向21世纪的必然选择。森林是实现环境与发展相统一的关键和纽带,是人类社会可持续发展的重要支撑条件。森林问题得到了国际社会的广泛关注,世界各国都在积极寻求新的林业发展模式。目前,有150多个国家和许多国际组织正在加紧研制森林可持续经营的标准与指标体系,有30多个国家正积极开展森林可持续经营试验示范区的建设工作。

我国也十分重视林业的可持续发展,不仅在政策、经济、法律上采取了一系列重大措施,以推动森林可持续经营,而且还注重相关理论的研究。2000年以来,国家林业和草原局先后选择若干县市,开展森林经营示范县建设,进行不同经营模式的探索与实践。2002年,国家林业和草原局发布了《中国森林可持续经营标准与指标》,并通过试验示范点探索实现森林可持续经营的目标、模式和途径,以推动中国森林可持续经营研究与发展。2004年,国家林业和草原局确定了吉林省汪清林业局、福建省永安市、江西省井冈山市和河北省靖安县、浙江省临安区、甘肃省小陇山林业实验局和辽宁省清原满族自治县7个单位为国家森林可持续经营试验示范点。我国一些地方和单位在探索森林可持续经营理论和科学经营模式方面也做了大量开拓性工作。

一、森林可持续经营的概念

森林可持续经营有多种定义,1987年世界环境与发展委员会提出了被广泛接受的可持续发展的定义,森林可持续经营即"满足当代人的需求又不损害后代子孙满足自身需求能力的发展"。

联合国粮农组织的定义是：森林可持续经营是一种包含行政、经济、法律、社会、科技等手段的行为，涉及天然林和人工林；是有计划的各种人为的干预措施，目的是保护和维持森林生态系统及其各种功能。

《赫尔辛基进程》把森林可持续经营定义为："以一定的方式和速度管理、利用森林和林地，在这种方式和速度下能够维持其生物多样性、生产力、更新能力、活力，并且在现在和将来都能在地方、国家和全球水平上实现它们的生态、经济和社会功能的潜力，同时对其他的生态系统不造成危害。"

二、森林可持续经营的内涵

森林可持续经营是实现各种经营目标的过程，既能持续不断地得到所需的林业产品和服务，同时又不造成森林本来的基本价值和未来生产力的不合理减少，也不会给自然环境和社会环境造成不良影响。森林可持续经营的内涵非常丰富，不能作为一个传统的具体经营活动来理解。森林是一种可再生的自然资源，可以是私有财产，也可以是公共财产；可以是个人财产，也可以是国家财产；但站在全球的高度，森林是人类的共同财产。森林可持续经营问题，从微观角度来看，针对一个具体的经营单位，是一项具体的经营活动。从开展这一活动的管理需求和产出来看，它涉及一个经营单位的资源管理、经济发展、文化建设、社会服务及人们的生活和生存等多方面；从宏观角度来看，在区域或国家层次上看，森林是一个国家主权范围内的问题，广泛涉及资源、环境、社会、经济和文化问题，以及人类的生存和发展问题等。因此，森林可持续经营问题必将反映各国（地区）资源、环境、社会、经济、政治、贸易等状况的多样性。森林可持续经营的内涵包括：第一，遵守国家的森林管理法律；第二，加强守法、纳税和森林资源再投资的氛围；第三，遵守当地土地制度、协商开发森林，公平分配森林开发收入，尊重和保护当地居民对于森林的不同使用权；第四，森林经营计划应考虑和符合可持续的木材预测产量，包括要支撑野生动物、非作物植物的继存，确保水资源的正常供应，使用冲击性较小的采伐技术，保护土壤、生物多样性和幼龄树。

三、森林可持续经营的特征

第一,服从和服务于国家经济社会可持续发展目标,不断满足经济社会发展和人民生活水平提高对森林物质产品和生态服务功能的需要。

第二,充分利用林地生产力,培育优质高效林分,不仅强调森林的木材生产功能,更要注重森林生态系统整体功能的维持和提高。

第三,努力协调均衡相关利益群体,特别是林区居民的利益,促进参与式森林经营。

第四,完善森林经营支撑体系,加强机构、财政支持及法律、法规和科研培训体系建设,建立灵活的应急反应机制,以应对异常干旱年、严重森林火灾和林业有害生物等意外事件。

第五,强化对森林经营各环节的有效监管,切实维护森林生产力,确保森林效益持续发挥。

四、森林可持续经营的原则

森林可持续经营是森林经营的总目标。但将森林经营的最高原则用于指导森林经营活动显然太宏观、太笼统和一般化。森林经营管理的指导原则应当更明确、更具体,同时既不失原则性,也不失具体标准。森林经营管理具体有以下6项原则:①系统整体性原则。将森林看作整体的等级结构系统,应用整体和系统的观点研究和解决森林经营目标和森林经营措施问题;②生态可持续性原则。森林经营目标和经营措施,必须保证生态系统在区域、景观和林分水平上的结构、功能和过程具有可持续性,不能对生态系统的持续再生性带来不可接受的损害;③可持续利用原则。坚持森林产品收获利用与该产品的再生恢复速率保持平衡。应当对影响产品形成或再生速率的因素有较全面的了解,通过制定可持续的经营措施,在提高生态系统的产品再生速率的基础上,提高森林产品利用量;④公益性和社会参与原则。要充分认识森林经营的公益性特点,充分考虑社区要求,使森林经营规划目标和经营措施符合当地社会的长远利益,鼓励社区参与管理和决策,使森林经营活动得到社区更多的支持。其中包括森林经营与社区经济发展和人民生活水平的提高相协调,以及广泛的社区宣传和教育两方面;⑤经济合理性原则。任何森林经营活动都需要进行经济可行性论证,避免因缺乏经济分析给经营者带来经济损失。在可靠的经济预测基础上,充分考虑经营活动的近期利益和长期影响;⑥谨慎性原则。要对森林经营决策采取谨慎态度。在不能明确森林经营活动的经济、环境、生态和社会后果时,应选择保守措施,为今后的经营留下变通的余地。

可持续发展是既要达到发展经济的目的,又要保护好人类赖以生存的大气、淡水、海洋、土地和森林等自然资源和环境,使子孙后代能够永续发展和安居乐业。可持续发展与环境保护既有联系,又不等同。环境保护是可持续发展的重要方面。可持续发展的核心是发展,但要求在严格控制人口、提高人口素质和保护环境、资源永续利用的前提下进行经济和社会的发展。发展是可持续发展的前提,人是可持续发展的中心体,可持续长久的发展才是真正的发展,使子孙后代能够永续发展和安居乐业,也就是江泽民同志指出的:"决不能吃祖宗饭,断子孙路。"要实现可持续发展,必须做到:①提高经济增长速度,解决贫困问题;②改善增长的质量,改变以破坏环境和资源为代价的发展模式;③千方百计地满足人们对就业、粮食、能源、住房、水、卫生、保健的需求;④把人口限制在可持续发展的范围内;⑤保护和加强资源基础;⑥技术发展要与环境保护相适应;⑦把环境和发展问题落实到政策、法律和政府决策之中。

总之,可持续发展不否定经济增长,该概念从一开始就强调经济与环境之间的协调发展,甚至把解决贫困问题放在第一位。在改变以破坏环境和资源为代价的增长方式的同时,不忘解决就业、提供粮食和限制人口数量问题。实现可持续发展是全人类的共同心愿,传统的发展模式已不再适应当今和未来发展的要求,人类正在寻求一条人口、经济、社会、环境和资源协调发展的途径。

五、森林可持续经营的目标

森林经营的目标,从国家的角度是改善森林资源状况,从乡村的角度则是从森林资源中获益。因此协调长期发展与短期效益十分必要,特别是协调林农矛盾、林牧矛盾。贫困地区通常存在局部行为与短期行为。我国行业部门之间条块分割以及地方保护主义比较严重,建设项目重复、林地流失逆转得不到有效控制以及防护林树种单一等就与此有直接关系。林牧矛盾在我国是一个非常普遍的问题,特别是在"三北"地区和南方集体林区的林牧交错地带。但目前国内对此还缺乏专门的研究。森林可持续经营的基本目标包括以下几个方面。

(一)满足社会对林产品及服务的需求目标

随着国民经济的发展和人民生活水平的提高,对木材的需求量越来越大,但我国可采资源贫乏,加之改善生态环境的任务艰巨,所以,在未来相当长的一个时期里,木材生产量是有限的,木材的生产和需求之间的矛盾将越来越突出。为缓解这一矛盾,首先,大力造林育林,加速培育森林资源;其次,必须大力发展木材的综合利用,提高资源的利用率。木材的综合利用是指利用森林采伐、造材、加工过程中所产生的剩余物和木材小料,加工成木材工业、造纸工业的原料或木材成品、半成品。发展木材综合利用,可以在不增加森林采伐量的情况下,提供更多的林产品。要重点搞好:第一,现有木材加工和综合利用工厂的挖潜、革新、改造,提高生产能力和产品质量;第二,要充分利用林区的采伐、加工和造材的剩余物,大力生产木片,开展小材小料加工,发展人造板生产;第三,各地区、各部门要从资金、燃料、动力等方面给予支持。木材加工的原料来源主要依靠天然林逐步向人工速生丰产林过渡,使各种加工剩余物、采伐剩余物及枝丫材生产的木材综合利用产品增长加快,精加工和深加工产品增多。

(二)通过获得林产品创造经济效益的经济目标

通过林产品,带动林产工业及相关产业(渔业、水电、运输和牧业等)发展,煤炭、铁道、建材等用材较多的部门应积极推广采用金属矿柱、水泥轨枕、金属或塑钢门窗等代用品,并继续研制新的代用品。改变林区烧木材的习惯,抓好烧柴管理,改灶节柴,实行以煤代木,发展沼气、煤气、小水电和太阳能利用等,大力节约木材,从而减少森林资源的消耗。

(三)加强环境保护

绿色消费,也称为可持续消费,指一种以适度节制消费,避免或减少对环境的破坏,崇尚自然和保护生态等为特征的新型消费行为和过程。绿色消费是生态经济建设的又一重要环节。绿色消费,不仅包括绿色产品,还包括物资的回收利用,能源的有效使用,对生存环境、物种环境的保护等,主要特征是简朴、摈弃过度消费与过度包装、使用绿色材料。

(四)培育健康、和谐的森林生态系统的目标

森林可持续经营的内容和目标是一致的。森林主要靠培育和管护,所以人工林营造和天然林保护与恢复是森林可持续经营的主要形式。不断培育健康、充满活力的森林生态系统,提高林分质量和森林总量,使森林资源向增长的方向发展。

六、现实森林经营非持续性的表现

森林可持续性下降的表现从景观尺度归结为七个方面的特征,即森林幼龄化、林分简单化、森林斑块小型化、森林斑块岛屿化、林火状况改变、道路密度提高、受威胁物种增加。在我国森林经营实践中,森林经营活动的非可持续性主要表现为:森林长期过伐、大量林地流失、树种组成简单化、林分幼龄化、林地衰退、生产力下降等。在对森林可持续性的评价方面,应更多地考虑生物多样性和森林景观独特性的保护问题。在美国和加拿大都具有丰富的温带森林和北方森林资源,加上政府的经济实力雄厚,因此能对森林经营给予更多支持,而且其重点对象是公有林经营。比较而言,林学家除了考虑生物多样性保护外,在对森林持续提供产品、服务和就业机会等方面也给予了极大关注,要求森林经营应当具有生态学合理性、经济学可行性和社会学满意性,并提出通过"生态系统管理"途径实现森林可持续经营。

七、限制森林可持续经营的主要因素

限制森林可持续经营的因素概括起来主要有:人口压力和局部贫困问题、气候变化、土壤退化、生物多样性丧失、人为阻断和割裂生态过程、缺乏长期规划、管理水平低下、产权关系模糊、营林投资不足等。

八、保障森林可持续经营的途径

影响森林可持续经营的因素很多,既有内部的,也有外部的;既有宏观的,也有微观的;既有政策性的,也有技术性的。详细列举森林可持续经营途径已超出该文的范围,但就森林经营管理来看,为实现森林可持续经营,

至少可以从以下几方面做一些切实有效的工作：①掌握充分的生态学知识作为确定森林经营目标和制定森林经营措施的依据；②通过对森林生态系统的全面清查，将森林资源调查由木材资源调查扩展为多资源、多效益和森林可持续性的调查和分析；③在可靠的生态预测基础上了解不同营林措施的生态后果。特别要提高景观水平上森林经营结果的可预测性，为经营决策者提供充分的方案选择和优化根据；④通过经济可行性分析，使森林经营单位取得良好的经济效果，进而维持对森林生态系统的持续经营活动。缺乏经济可行性的森林经营活动带来的经济损失，将使森林经营单位失去对森林长期经营的基础，并带来更为严重的长期性环境问题；⑤通过明确产权关系，稳定土地利用的战略和目标，并以法律形式加以保护，减少因政策变动带来的不确定性，促进森林经营者制定长期稳定的经营目标；⑥在景观和林分尺度上进行多目标综合规划，使森林经营规划在多经营目标之间取得适当的平衡，保证森林的整体可持续性。

九、森林可持续经营的保障体系

要保障森林的可持续经营，首先要保护好现有的森林资源，及时准确地掌握森林资源的变化和生态环境状况是保护好现有森林资源的前提，所以应积极构建我国森林资源综合监测体系和有效的森林资源行政管理体系。在构建森林监测体系方面，可以借助现代3S技术，以解决森林空间结构数据管理、地表信息的处理、获取定位数据等问题，为森林资源的监测、管理提供综合手段。完善的森林监测体系可为森林可持续经营成效的评价、编制林业和生态建设发展规划、制定林业宏观政策提供重要的基础依据。

政府要加大林业的公共财政投入，采取适当的措施实现林业外部效益内部化，配合市场机制的作用，使林业资金有效运营，同时要建立和完善森林效益补偿制度，并探索多种融资渠道。对地方政府要落实目标责任制，要大力发展各级林业教育，积极开发后备人力资源。

要实现森林资源的可持续经营，社会与公众的参与必不可少。因为森林可持续经营已使森林经营管理成为一种社会行为，甚至是全球性的行为，这就要求全社会各部门和公众的广泛参与，并且密切注意国际上的发展动向与协调合作,真正打破森林部门经营与管理的旧观念。同时,建立完善的森林可持续经营制度是保证长期、稳定进行森林可持续经营的一个基本前提,同时又是衡量发展程度的一个重要标志,要完善林业产业政策,建立可持续发展的机制,改革林业资源管理制度,落实林权、分类经营政策。

建立社会化服务体系,是现代林业发展的必然趋势,是市场经济体制的必然选择,也是保障森林可持续经营的重要内容。因此需要制定相关政策,对服务组织给予必要的政策扶持。在市场化过程中,由于服务组织的服务范围较广,多数服务组织必然会处于保本经营或微利经营的状态。因此,国家给予一定的政策扶持是必要的。

建立森林可持续经营的法律保障体系。依法治林是整个社会主义革命和建设的重要组成部分,也是林业发展的必由之路。多年来,我国的林业法治建设已经形成了一个以《森林法》和《野生动物保护法》等法律为核心的林业法律法规体系。伴随着林业法治建设,林业主管部门和行政执法人员依法行政的水平不断提高,林业执法监督机制也逐渐完善。1994年中国政府在批准的《中国21世纪议程》中指出:"开展对现行政策和法律的全面评价,制定可持续发展的法律政策体系,突出经济、社会和环境之间的联系与协调。通过法规约束、政策引导和调控,推进经济、环境的协调发展。"森林可持续经营保障体系的效果,很大程度上取决于执行手段的有效性。

总之,森林可持续经营目标的实现,不仅最终有赖于综合保障体系的不断完善,同时也需要多种调控手段的综合运用,多种调控手段在目标一致的情况下,作用的方向、力度和范围不尽相同,因而,在实际运用中应加强协调,综合运用,发挥整体功能。

参考目录

[1]蔡雄彬,谢宗添.景观规划设计丛书:城市公园景观规划与设计[M].北京:机械工业出版社,2014.

[2]金煜.园林植物景观设计(第2版)[M].沈阳:辽宁科学技术出版社,2015.

[3]柯水发.林业政策学[M].北京:中国林业出版社,2013.

[4]沈国舫,吴斌,张守攻,等.新时期国家生态保护和建设研究[M].北京:科学出版社,2017.

[5]盛伟彤.中国人工林及其育林体系[M].北京:中国林业出版社,2014.

[6]屠苏莉,刘志强,丁金华.城市景观规划设计[M].北京:化学工业出版社,2014.

[7]汪辉.园林规划设计(第2版)[M].南京:东南大学出版社,2015.

[8]王巨斌.森林资源经营管理[M].沈阳:沈阳出版社,2011.

[9]王雪峰,陆元昌.现代森林测定法[M].北京:中国林业出版社,2013.

[10]文增.城市广场设计[M].沈阳:辽宁美术出版社,2014.

[11]吴达胜,唐丽华,方陆明.森林资源信息管理理论与应用[M].北京:中国水利水电出版社,2012.